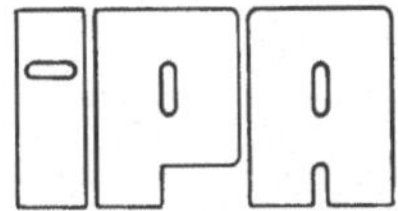

Forschung und Praxis · Band 57

Berichte aus dem Fraunhofer-Institut
für Produktionstechnik und Automatisierung,
Stuttgart, und dem Institut
für Industrielle Fertigung und Fabrikbetrieb
der Universität Stuttgart

Herausgeber: Prof. Dr.-Ing. H. J. Warnecke

Uwe Schmidt-Streier

Methode zur rechnerunterstützten Einsatzplanung von programmierbaren Handhabungsgeräten

Mit 72 Abbildungen

Springer-Verlag
Berlin Heidelberg New York 1982

Dipl.-Ing. Uwe Schmidt-Streier

Fraunhofer-Institut für Produktionstechnik und Automatisierung (IPA), Stuttgart

Dr.-Ing. H. J. Warnecke

o. Professor an der Universität Stuttgart
Fraunhofer-Institut für Produktionstechnik und Automatisierung (IPA), Stuttgart

D 93

ISBN-13: 978-3-540-11355-3   e-ISBN-13: 978-3-642-47929-8
DOI: 10.1007/978-3-642-47929-8

Gesamtherstellung: Drucken + Werben GmbH · Zettachring 12 · 7000 Stuttgart 80 (Fasanenhof-Industriegebiet) · Telefon (07 11) 715 69 06/07/08.
2362/3020—543210

<u>Geleitwort des Herausgebers</u>

Die Entwicklungen in der Produktionstechnik in den
letzten Jahrzehnten haben entscheidend zur positiven
wirtschaftlichen und sozialen Entwicklung in der
Bundesrepublik Deutschland beigetragen. Die Produktivi-
tät konnte jedes Jahr um durchschnittlich etwa 3,5 %
gesteigert werden. Mechanisierung und Automatisierung wurden und werden stetig weiter vorangetrieben.
Während es sich bisher jedoch um Verbesserungen an einzelnen Maschinen und Anlagen sowie Verfahren handelte,
werden heute alle Unternehmensbereiche erfaßt, und man
ist bemüht, das gesamte System Unternehmen bzw. Produktionsbetrieb zu optimieren. Das klassische Bemühen um
Optimierung des Einsatzes und Zusammenwirkens der Pro-
duktionsfaktoren Mensch, Maschine und Material muß heute
erweitert werden um die Berücksichtigung sozialer Belange,
gesetzlicher Auflagen, Probleme der Energieversorgung,
schnellen Veränderungen an den Produkten und auf den
Märkten sowie Sicherung der Qualität und der Lieferfähig-
keit.

Von wissenschaftlicher Seite wird und muß dieses Bemühen
unterstützt werden durch die Entwicklung von Methoden
und Vorgehensweisen zur systematischen Analyse und Verbesserung des Systems Produktionsbetrieb. Hier ist heute
insbesondere auch der Fertigungsingenieur gefordert,
nicht nur einzelne Maschinen und Verfahren zu beherrschen,
sondern das gesamte komplexe System hinsichtlich der Verknüpfung seiner Elemente durch zweckmäßigen Informations-
und Materialfluß. Beispielhaft seien dazu nur hinsichtlich des Informationsflusses die heute gegebenen Möglichkeiten der Datenerfassung und -verarbeitung in Ferti-
gungsplanung und -steuerung, an den einzelnen

Produktionsanlagen sowie im Qualitätswesen genannt.
Im Materialfluß geht es um richtige Auswahl und Einsatz von Fördermitteln, Förderhilfsmitteln sowie Anordnung und Ausstattung von Lägern. Der weiteren Automatisierung in der Handhabung von Werkstücken und
Werkzeugen sowie der Montage von Produkten wird in
nächster Zukunft allergrößte Aufmerksamkeit geschenkt
werden. Leistungsfähige Sensoren werden die Möglichkeiten dafür sehr stark vergrößern.

Die beiden vom Herausgeber geleiteten Institute, das
Institut für Industrielle Fertigung und Fabrikbetrieb
der Universität Stuttgart sowie das Fraunhofer-Institut
für Produktionstechnik und Automatisierung in Stuttgart,
arbeiten in grundlegender und angewandter Forschung
intensiv an den aufgezeigten Entwicklungen in der Produktionstechnik mit. Zur Umsetzung gewonnener Erkennt-
nisse wird die Schriftenreihe "IPA Forschung und Praxis"
herausgegeben. Der vorliegende Band setzt diese Reihe
fort, eine Übersicht über bisher erschienene Titel wird
am Schluß dieses Bandes gegeben.

Dem Verfasser sei für die geleistete Arbeit gedankt,
dem Springer-Verlag für die Aufnahme dieser Schriftenreihe in seine Angebotspalette und der Druckerei für
saubere und zügige Ausführung. Möge das Buch von der
Fachwelt gut aufgenommen werden.

                              Hans-Jürgen Warnecke

<u>Vorwort</u>

Die vorliegende Arbeit entstand während meiner Tätigkeit als
wissenschaftlicher Mitarbeiter am Fraunhofer-Institut für Produktionstechnik und Automatisierung (IPA), Stuttgart.

Mein besonderer Dank gilt dem Leiter des Instituts, Herrn Prof.
Dr.-Ing. H.J. Warnecke, für seine großzügige Unterstützung
und Förderung, die entscheidend zur erfolgreichen Durchführung
dieser Arbeit beigetragen haben.

Herrn Prof. Dr.-Ing. J. Loomann danke ich für die Übernahme des
Korreferats und für die vielen wertvollen Hinweise, die sich daraus ergaben.

Aus dem großen Kreis der Kollegen des Instituts, die mich durch
ihre Mitarbeit und anregende Kritik unterstützt haben, möchte ich
die Herren Dipl.-Ing. A. Altenhein, Dipl.-Ing. (FH) W. Barisch
und Dr.-Ing. R.D. Schraft sowie Dr.-Ing. M. Schweizer besonders
erwähnen. Ihnen allen gilt mein herzlicher Dank.

Stuttgart, 1982
                              Uwe Schmidt-Streier

Inhaltsverzeichnis

Seite

0   Abkürzungen und Formelzeichen

A		Rotatorische Bewegungsachse eines PHG (Drehen)
A_i	mm	Armlänge des PHG beim Anfahren der Position i
ALFI	grd	Winkel zwischen dem PHG-Arm in Grundstellung und der U-Achse des raumfesten Koordinatensystems
B		Rotatorische Bewegungsachse eines PHG (Neigen)
B DELTA	grd	Schwenkbereich der B-Achse
B MIN	grd	minimaler Neigungswinkel der B-Achse
B_F		Fiktive Bedienfolge
Bit		Kleinstes Element jeglicher Information, die vom Rechner verarbeitet werden kann
B GESCHW.MAX	grd/s	Maximalgeschwindigkeit um die B-Achse
BM		Betriebsmittel
B POS		Zahl der anfahrbaren Positionen der B-Achse
B POS FEHL.MAX	grd	Maximaler Positionierfehler der B-Achse
C		Rotatorische Bewegungsachse eines PHG (Schwenken)
C DELTA	grd	Schwenkwinkel der C-Achse
C GESCHW.MAX	grd/s	Maximalgeschwindigkeit der C-Achse

CP		Continous Path (Bahnsteuerung)
C POS		Zahl der anfahrbaren Positionen der C-Achse
C POS FEHL.MAX	grd	Maximaler Positionierfehler der C-Achse
Δ C	grd	Schwenkbewegung der PHG-C-Achse
E		Elektrik
EB	mm	Einbauhöhe
EDV		Elektronische Datenverarbeitung
FIFO		First in, first out
FM		Fertigungsmittel
GF (i)		Gewichtungsfaktor des Zielkriteriums i
$G_{n-1,n}$		Faktor zur Gewichtung des Bewegungsabschnittes zwischen den Positionen n-1 und n entsprechend der relativen Vorkommenshäufigkeit im Gesamtzyklus
GP_1, GP_2		Bereichsgrenzen für die möglichen PHG-Standpunkte auf der Geräteverfahrlinie
GREIFER A DELTA grd		Drehwinkel der A-Handachse (Greifer)
GREIFER A POS		Zahl der anfahrbaren Positionen der A-Handachse
GREIFER B DELTA grd		Neigungswinkel der B-Handachse (Greifer)
GREIFER B POS		Zahl der anfahrbaren Positionen der B-Handachse
GREIFER C DELTA grd		Schwenkwinkel der C-Handachse (Greifer)

GREIFER C POS		Zahl der anfahrbaren Positionen der C-Handachse
GREIFER X DELTA	mm	Verfahrweg der X-Handachse (Greifer)
GREIFER X POS		Zahl der anfahrbaren Positionen der X-Handachse
GREIFER Y DELTA	mm	Verfahrweg der Y-Handachse (Greifer)
GREIFER Y POS		Zahl der anfahrbaren Positionen der Y-Handachse
GREIFER Z DELTA	mm	Verfahrweg der Z-Handachse (Greifer)
GREIFER Z POS		Zahl der anfahrbaren Positionen der Z-Handachse
H		Hydraulik
H_{DECKE}	mm	Höhe der Hallendecke
i		Zählindex
i_F		Anzahl der Fertigungsmittel eines Arbeitsplatzes
IK		Kennzahl
IKENN1, IKENN2		Kennzahlen
$i_{L\ddot{O}}$		Anzahl der erarbeiteten Lösungsalternativen
IN		Kennzahl
i_n		Anzahl der erforderlichen Programmschritte zum Verfahren von der Position n-1 zur Position n
IP		Kennzahl
$i_{POS_{jk}}$		Anzahl der Positionen, die vom j-ten PHG vom Standpunkt k aus bedient werden müssen
IR		Industrieroboter

IRANZ		Anzahl der im System einge-setzten PHG
ISPEZ		Zählindex
i_{STAND}		Anzahl der von einem verfahr-baren PHG während eines Arbeits-zyklusses einzunehmenden Stand-orte
IZ		Kennzahl
j		Zählindex
K		Speicherblock mit $2^{10} = 1024$ Worten
KENN		Kennzahl
KOZ		Kürzeste Operationszeit
LOZ		Längste Operationszeit
L_{ARM}	mm	Länge der Projektion des PHG-Armes auf die U-, V-Ebene
L_{POS_i}	mm	Länge des auf die U-, V-Ebene projezierten PHG-Armes beim An-fahren der Position i
M		Maschine
MENUE		mit dem Lichtgriffel ansprech-bare Wortdarstellungen auf dem Bildschirm
$\dot{M}_F$	1/h	Gesamtmengenleistung eines Ar-beitsplatzes
$\dot{M}_{F_i}$	1/h	Mengenleistung des Fertigungs-mittels i
M_i		Maschineneckpunkt
MPOS (i)		Anzahl der Positionen eines Fertigungsmittels

N	Kennzahl
n	Zählindex
NEG	Negativ
nir_i	Anzahl der bei der Layout-lösung i verwendeten PHG
NMASCH	Anzahl der Fertigungsmittel im System
n_p	Gesamtanzahl der Maschinen-eckpunkte
n_{Pos}	Gesamtanzahl der anzufahrenden Positionen
n_{Pos_j}	Anzahl der vom j-ten PHG anzu-fahrenden Positionen
n_{pp}	doppelte Anzahl der Maschinen-eckpunkte
NPT (i)	Anzahl der Eckpunkte pro Teil eines Fertigungsmittels
NTEIL (i)	Anzahl der räumlich zu unter-scheidenden Teile eines Be-triebsmittels
NZ	Anzahl der zur Bewertung der Lösungsalternativen herange-zogenen Zielkriterien
OE	Ordnungseinrichtung
P	Pneumatik
PHG	Programmierbares Handhabungs-gerät
P_i	Wahrscheinlichkeit mit der eine Forderung an der Maschine i auf-tritt

PICK		Erfassen eines auf dem Bildschirm dargestellten Bildelementes mit dem Lichtgriffel
POS		Positiv
Pos_i		anzufahrende Position
PTP		Point to Point (Punktsteuerung)
Q		Proportionalitätsfaktor
RID		Rechnerinterne Darstellung
Δs	mm	Bewegungsschritt auf der PHG-Verfahrlinie
Δs_i	mm/grd	Zurückgelegter Weg bzw. Drehwinkel pro Programmschritt
s_i		Standort des PHG
s_{ij}		Bewegungsbahn zwischen den Positionen i und j
SM		Schrittmotor
SP_1, SP_2		Schnittpunkte zwischen einer Geraden und einem Kreisbogen
T	s	Teilverfahrzeit eines PHG für einen vorgegebenen Bewegungsschritt
T_{akt}	s	Aktuelle Simulationszeit
t_{bi}	s	Erforderliche Handhabungszeit zur Bedienung der Maschine i
T_F	s	Zeitpunkt, zu dem von einer Maschine eine Forderung erhoben wird
T_{Ges}	s	Gesamtverfahrzeit des PHG für einen vorgegebenen Arbeitszyklus

$t_{G\ddot{O}}$	s	Zeit zum Öffnen eines Greifers
t_{Gs}	s	Zeit zum Schließen eines Greifers
t_{h_i}	s	Hauptzeit der Maschine i
t_{n_i}	s	Nebenzeit der Maschine i
TRAGLAST NORM.	daN	Traglast bei Normalgeschwindigkeit
TRAGLAST MAX.	daN	Maximale Traglast bei reduzierter Geschwindigkeit
t_{s_i}	s	sachliche Verteilzeit an Maschine i
T_{sim}	s	Simulationsdauer
t_v	s	Verfahrzeit des PHG für den gesamten Arbeitszyklus
$t_{v_{n-1,n}}$	s	Verfahrzeit für den Bewegungsabschnitt zwischen den Positionen n-1 und n
t_{w_i}	s	mittlere Wartezeit der Maschine i nach dem Auftreten einer Forderung
t_{w_t}	s	technologisch bedingte Wartezeit des PHG
t_1	s	Beschleunigungszeit des PHG
t_2	s	Verzögerungszeit des PHG
U,V,W		Achsen des raumfesten Koordinatensystems
U', V', W'		Achsen des werkstückbezogenen Koordinatensystems
U_B, V_B, W_B	mm	Koordinatenwerte der Gerätebasis in bezug auf das raumfeste Koordinatensystem

$U_{Pos_i}, V_{Pos_i}, W_{Pos_i}$	mm	Koordinatenwerte der Position i in bezug auf das raumfeste Koordinatensystem
U_{Si}, V_{Si}	mm	Koordinaten des PHG Standpunktes bei Bedienung der Position i
v_{max}	mm/s	Maximale Geschwindigkeit
V_1, V_2		Begrenzungspunkte der PHG-Verfahrlinie
WSH		Werkstückhandhabung
WZH		Werkzeughandhabung
X		Translatorische Bewegungsachse
XA	mm	Ausladung der X-Achse
X DELTA	mm	Verfahrweg in X-Richtung
X GESCHW.MAX	mm/s	Maximale Geschwindigkeit in X-Richtung
X MAX	mm	Maximale Reichweite in X-Richtung
X POS		Zahl der anfahrbaren Positionen der X-Achse
X POS FEHL.MAX	mm	Maximaler Positionierfehler der X-Achse
X'		Verfahrachse des gesamten PHG
X'GESCHW.	mm/s	Verfahrgeschwindigkeit des gesamten PHG
ΔX	mm	Bewegungsschritt auf der PHG-X-Achse
Y		Translatorische Bewegungsachse des PHG
Y DELTA	mm	Verfahrweg in Y-Richtung
Y GESCHW.MAX	mm/s	Maximale Geschwindigkeit in Y-Richtung

Y MAX	mm	Maximale Reichweite in Y-Richtung
Y POS		Zahl der anfahrbaren Positionen der Y-Achse
Y POS FEHL.MAX	mm	Maximaler Positionierfehler der Y-Achse
Z		Translatorische Bewegungsachse des PHG
Zi		Zwischenpunkt im Arbeitszyklus des PHG
ZA	mm	Ausladung der Z-Achse
Z DELTA	mm	Verfahrweg in Z-Richtung
Z GESCHW.MAX	mm/s	Maximale Geschwindigkeit in Z-Richtung
Z MAX	mm	Maximale Reichweite in Z-Richtung
Z NEIG	mm	Höhe des Armdrehpunktes bei PHG mit kugelförmigem Arbeitsraum
Z POS		Zahl der anfahrbaren Positionen der Z-Achse
Z POS FEHL.MAX	mm	Maximaler Positionierfehler der Z-Achse
α_{ARM}	grd	Winkel zwischen der Projektion des PHG-Armes auf die U-, V-Ebene und der U-Achse des raumfesten Koordinatensystems
α_{POS_i}	grd	Winkel zwischen dem auf die U-, V-Ebene projezierten PHG-Arm beim Anfahren der Position i und der U-Achse des raumfesten Koordinatensystems

α_v	grd	Winkel zwischen der PHG-Verfahrlinie und der U-Achse des raumfesten Koordinatensystems
β_i	grd	Neigungswinkel des PHG-Armes beim Anfahren der Position i
$\beta_{1\,max}$	grd	maximaler Neigungswinkel der B-Achse eines PHG mit kugelförmigem Arbeitsraum
λ_{GES}	1/h	Gesamtforderungsrate im System (definiert auf Seite 80)
λ_i	1/h	Forderungsrate der Maschine i

1 Einleitung

1.1 Hinführung zum Thema

Programmierbare Handhabungsgeräe (PHG) - häufig auch als "Industrieroboter" bezeichnet - stellen eine Möglichkeit dar, die Werkstückhandhabung in der Klein- und Mittelserienfertigung zu automatisieren. Wie umfangreiche Arbeitsplatzanalysen gezeigt haben /1/, können besonders in der Teilefertigung viele Arbeiten durch programmierbare Handhabungsgeräte ausgeübt werden, sofern es gleichzeitig gelingt, das Ordnen, das Spannen und das Prüfen der Werkstücke ebenfalls zu automatisieren.

Eine wirtschaftliche Nutzung von Handhabungsgeräten erfordert jedoch umfangreiche Planungsarbeiten, für die bislang nur wenige Hilfsmittel und Anleitungen angeboten werden. Zur Zeit beruht die Einsatzplanung von programmierbaren Handhabungsgeräten noch weitgehend auf den individuellen Erfahrungen des jeweiligen Planers und führt daher häufig nicht zum optimalen Ergebnis.

In den letzten drei Jahren ist eine deutliche Zunahme der PHG-Einsatzfälle zu erkennen. Während 1977 nur ca. 5oo Geräte in der Bundesrepublik Deutschland installiert waren /2/, konnten im Jahre 198o bereits über 125o Geräte gezählt werden /3/. Als die wichtigsten Gründe für diese bemerkenswerte Entwicklung sind in wirtschaftlicher Hinsicht vor allem die schnell steigenden Lohnkosten und die Verbilligung der Prozessoren zu nennen. In technischer Hinsicht begünstigen in erster Linie neuere Entwicklungen auf dem Gebiet der Geräteperipherie, wie beispielsweise optische Sensoren zur Werkstückerkennung /4, 5, 6/ oder taktile Sensoren zur Feinpositionierung von Werkstücken /7, 8, 9/ das Anwachsen der Einsatzzahlen.

Es stehen somit immer häufiger Ingenieure vor der komplexen Aufgabe, den Einsatz eines programmierbaren Handhabungsgerätes zu planen. Es scheint daher dringend an der Zeit, für diese Aufgabe geeignete Lösungsmethoden und Hilfsmittel zu entwickeln.

Eine rechnerunterstützte Vorgehensweise bietet in diesem Fall
große Vorteile. Sie ermöglicht die Ausarbeitung und den Vergleich einer Fülle von Lösungsmöglichkeiten in kurzer Zeit, wodurch eine Verkürzung des Planungsaufwandes bei gleichzeitiger
Verbesserung der Planungsergebnisse erreicht werden kann.

Es ist Ziel dieser Arbeit, ein entsprechendes Verfahren zu entwickeln. Das Verfahren soll so konzipiert sein, daß es für sämtliche Querschnittsaufgaben, die im Rahmen der Automatisierung
der Werkstückhandhabung mittels programmierbarer Handhabungsgeräte anfallen, einsetzbar ist. Die Lösungen, die mittels des
rechnerunterstützten Verfahrens gewonnen werden, sollen ohne
größeren Anpaßaufwand in die betriebliche Praxis einsetzbar
sein. Dies verlangt primär die Beschränkung auf solche Lösungsmöglichkeiten, die mit Hilfe gegebener, auf dem Markt verfüg-
barer Handhabungseinrichtungen realisiert werden können. Daneben bedingt diese Zielsetzung eine flexible Programmstruktur,
die es erlaubt, eine Vielzahl betrieblicher Randbedingungen im
Planungsprozess zu berücksichtigen. Da das Verfahren vom po-
tentiellen Anwender programmierbarer Handhabungsgeräte als Planungshilfsmittel eingesetzt werden soll, ist es schließlich so
auszulegen, daß es in Hinblick auf die erforderlichen Benutzer-
kenntnisse und gerätetechnischen Voraussetzungen den Gegebenheiten dieses Anwenderkreises entspricht.

1.2 Vorgehensweise

Voraussetzung für die Realisierung eines rechnerunterstützten
Planungssystems mit den vorgenannten Eigenschaften ist die Erarbeitung einer systematischen, eindeutig definierten Vorgehensweise zur Einsatzplanung. Zum Entwurf dieser Vorgehensweise sind
aufgrund der gegenwärtigen Eigenschaften und Anwendungsmöglichkeiten von programmierbaren Handhabungsgeräten die im Rahmen der
Einsatzplanung zu lösenden Teilaufgaben zu definieren. Danach
sind die für die Lösung der Teilaufgaben erforderlichen Informationen bzw. Kenngrößen zu spezifizieren und anhand dieser Daten die zeitliche und logische Rangfolge der einzelnen Planungsschritte festzulegen.

Aufgrund des Inhaltes und Umfanges der zu lösenden Aufgaben
sowie anwenderorientierter Anforderungen und Wünsche ist anschließend die Grobstruktur des rechnerunterstützten Planungssystems festzulegen, d.h. es sind Teilprobleme zu bestimmen,
die mit Hilfe der EDV vorteilhaft zu lösen sind, und ein zur
Problembearbeitung geeignetes Rechnersystem auszuwählen. Danach müssen zur Lösung der Einzelaufgaben detaillierte Vorgehensweisen entwickelt und in Rechnerprogramme umgesetzt werden. Als Grundlage dieser Entwicklung sind bestehende Hilfsmittel zur Einsatzplanung auf ihre Anwendungsmöglichkeiten im
Rahmen des konzipierten Planungsverfahrens zu überprüfen.

Die entwickelten Rechnerprogramme
sind anschließend in das Planungs-
gesamtsystem zu integrieren und
anhand von Praxisbeispielen zu er-
proben. Hierbei sollen insbe-
sonders im Vergleich zur manuellen
Einsatzplanung die Vorteile und
Grenzen der entwickelten rechnerunterstützten Methode aufgezeigt
werden. Abschließend ist die Über-
tragbarkeit des geschaffenen Planungsverfahrens auf die Lösung
anderer, ähnlich gelagerter Aufgaben zu überprüfen. Die beschriebene Vorgehensweise ist in
Bild 1 zusammenfassend dargestellt.

Bild 1:

Gliederung der Arbeiten zur Entwicklung des rechnerunterstützten
Planungssystems

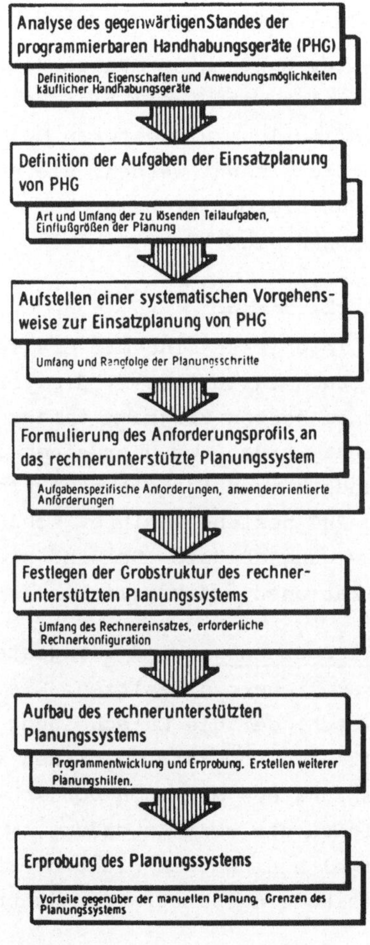

2 Ausgangssituation

2.1 Programmierbare Handhabungsgeräte

2.1.1 Definition und Abgrenzung

Bisher gibt es noch keine allgemein anerkannte Definition für
programmierbare Handhabungsgeräte. Nach der von WARNECKE/SCHRAFT
/1o/ vorgeschlagenen Definition sind PHG in mehreren Bewegungsachsen frei programmierbare, mit Greifern und Werkzeugen ausgerüstete automatische Handhabungseinrichtungen, die für den industriellen Einsatz konzipiert sind. Definitionen mit ähnlichem
Inhalt wurden von HERRMANN /1/ und AUER /11/ formuliert.

Da zur Zeit in Normungsausschüssen an einer neuen Definition ge-
arbeitet wird, soll hier keine weitere hinzugefügt werden. Viel-
mehr sollen zur weiteren Begriffsklärung diejenigen Handhabungsgeräte genannt werden, die häufig fälschlicherweise als PHG bzw.
Industrieroboter bezeichnet werden und in diese Arbeit nicht einbezogen sind:

Einlegegeräte:

Einlegegeräte sind mit Greifern ausgerüstete mechanische Handhabungseinrichtungen, die vorgegebene Bewegungsabläufe nach
einem festen Programm abfahren /12/. Sie können nur dort eingesetzt werden, wo über einen längeren Zeitraum hinweg dieselbe
Handhabungsaufgabe auszuführen ist. Der wesentliche Unterschied
zu PHG besteht in ihrer schlechten Umrüstbarkeit auf geänderte
Bewegungsabläufe. Es sind hierzu stets gerätetechnische Modi-
fikationen erforderlich.

Teleoperatoren sind ferngesteuerte Manipulatoren, die keine Programmsteuerung besitzen. Die Programmsteuerung übernimmt der
Mensch, der die Entscheidung trifft und die Bewegungen einleitet
/12/. Teleoperatoren dienen im industriellen Bereich zur Ent-
lastung des Menschen von schwerer körperlicher Arbeit. Ansonsten
finden sie dort Anwendung, wo der Mensch aufgrund der gegebenen
Umweltbedingungen nicht oder nur unter einem hohen Gesundheits-
risiko eingesetzt werden kann (Kernkraftwerke, Meeresforschung,

Weltraumforschung). Das wesentliche Unterscheidungsmerkmal zu PHG
besteht darin, daß Teleoperatoren nicht selbsttätig arbeiten können, sondern stets nur vom Menschen initiierte Bewegungen ausführen.

2.1.2 Marktangebot an PHG

Gegenwärtig werden auf dem deutschen Markt ca. 116 im Aufbau und
Leistungsvermögen unterschiedliche Gerätetypen angeboten /13/.
Das Spektrum reicht von einfachen pneumatischen Geräten mit drei
Verfahrachsen bis zu sechsachsigen Geräten mit vorwiegend elek-
trischem Antrieb und einer auf maximalen Bedienkomfort ausgeleg-
ten Steuerung.

Ein sehr wichtiges Unterscheidungsmerkmal der angebotenen Geräte
stellt die Art der Kinematik dar. Hier können im wesentlichen
die in Bild 2 dargestellten Aufbauformen unterschieden werden.

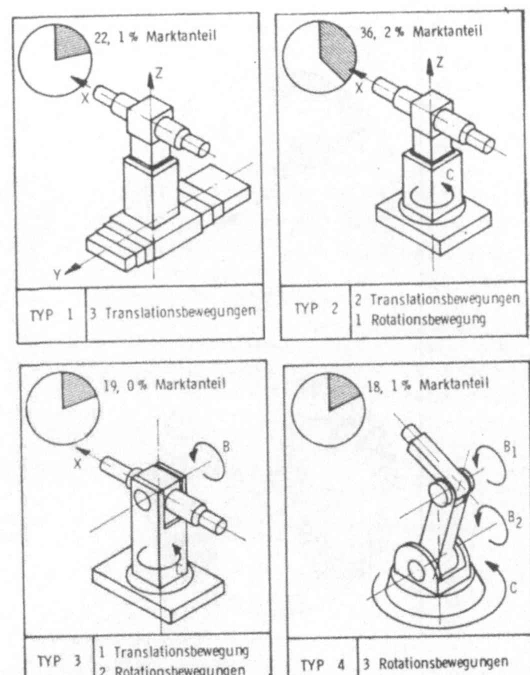

Bild 2:
Kinematische Grund-
typen von program-
mierbaren Handha-
bungsgeräten und
Definition der
Achsen

1oo % = 116 PHG

Über 95 % der angebotenen Geräte entsprechen einer dieser Aufbauformen. Bei weitem am häufigsten sind Geräte des Typs II
(2 translatorische, 1 rotatorische Hauptachse) anzutreffen.
Der wesentliche Grund für die häufige Wahl dieses Typs ist
in seiner breiten Anwendbarkeit auf dem Gebiet der Werkstückhandhabung zu sehen. So zeigte HERRMANN /1/, daß in der Teilefertigung an 6o % der Arbeitsplätze, die für den Einsatz eines
PHG geeignet sind, dieser Gerätetyp die bestmögliche Lösung
darstellt.

Neben der Art der Kinematik wird die Eigenschaft eines PHG
im wesentlichen durch die Art

- des Antriebs,
- der Steuerung und
- des Wegmeßsystems

geprägt. Eine statistische Auswertung des aktuellen Marktan-
gebotes im Hinblick auf diese Merkmale ist in <u>Bild 3</u> dargestellt.

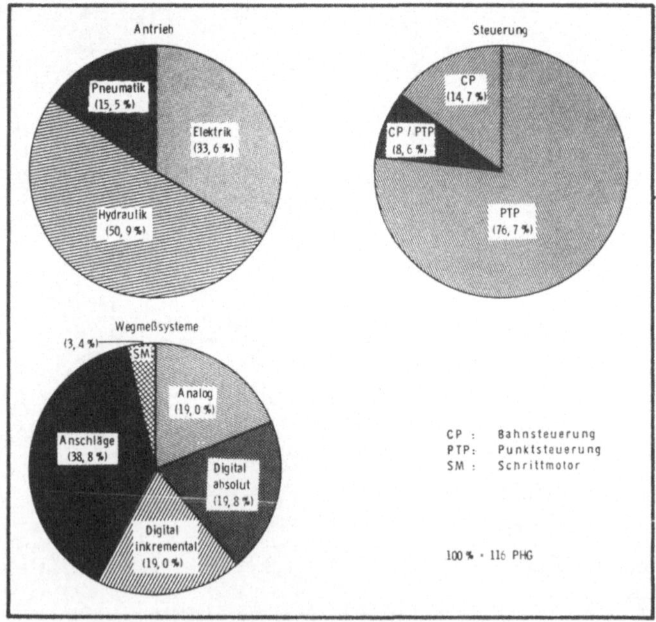

<u>Bild 3</u>: Statistische Auswertung wichtiger Merkmale käuflicher
PHG (Stand: Januar 81)

2.1.3 Einsatzgebiete für PHG

Bild 4 gibt einen Überblick über die im Jahre 1980 in der Bundesrepublik Deutschland realisierten Einsatzfälle /3/. Hiernach führt die Mehrzahl der Geräte Werkzeughandhabungsaufgaben aus, wobei zu beachten ist, daß alleine 27 % aller Einsätze an Punktschweißarbeitsplätzen erfolgt. Auf dem Gebiet der Werkstückhandhabung werden zur Zeit ca. 500 Geräte eingesetzt. Damit hat die Werkstückhandhabung einen Anteil von ca. 40 % an der Gesamtzahl der bisher realisierten Einsatzfälle. Ein wesentliches Anwendungsgebiet in diesem Bereich stellt das Entladen

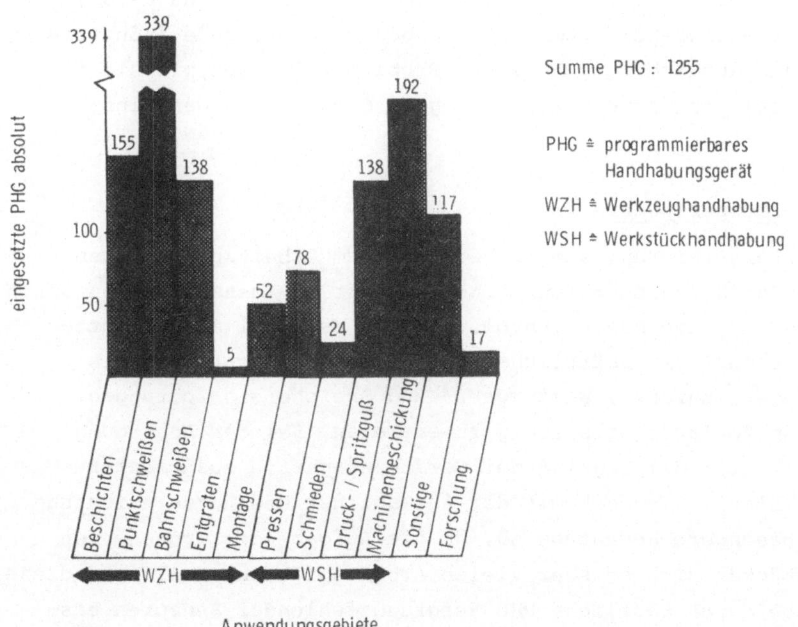

Bild 4: Einsatzgebiete für programmierbare Handhabungsgeräte (PHG) in der Bundesrepublik Deutschland (Stand: August 1980)

von Druck- und Spritzgießmaschinen dar. Diese Aufgabe ist durch
PHG leicht zu lösen, da hier das Ordnen und Positionieren der
Werkstücke, eines der Hauptprobleme bei der Automatisierung der
Werkstückhandhabung (vergl. Kap. 2.2), entfällt. Weitere wich-
tige Einsatzgebiete für PHG sind die Presserei und die spanende
Bearbeitung. Darüberhinaus führen PHG in der Schmiede und wei-
teren, sehr unterschiedlichen Bereichen, Werkstückhandhabungs-
aufgaben aus.

Die bisher realisierten Einzelfälle umfassen jedoch - wie die
Untersuchung von HERRMANN /1/ zeigt - erst einen Bruchteil der
möglichen Einsätze. Insbesondere kann zukünftig mit einem Vor-
dringen der Handhabungsgeräte in neue Anwendungsbereiche ge-
rechnet werden. Beispielsweise bieten die Holz- und Keramik-
industrie sowie die gummi- und asbestverarbeitende Industrie
aufgrund ähnlicher technischer Problemstellungen,wie sie in
der Metallindustrie vorliegen, gute Chancen für den Einsatz
von PHG /14/.

2.2 Geräteperipherie

Die Automatisierung sämtlicher an einem Arbeitsplatz auszu-
führender Handhabungsfunktionen ist nur in Ausnahmefällen durch
ein PHG möglich bzw. sinnvoll. In der Mehrzahl der Einsatzfälle bedarf es zusätzlicher Handhabungseinrichtungen wie
Ordnungs-, Zuführ-, Weitergebe- und Speichereinrichtungen,
um eine Vollautomatisierung zu erzielen. Bei der Auslegung
dieser unter dem Begriff der Geräteperipherie zusammenfaß-
baren Einrichtungen kommt der Auswahl der Ordnungseinrichtung
eine besondere Bedeutung zu, da die Aufgabe des Ordnens von
Werkstücken sich an sehr vielen Arbeitsplätzen stellt und diese
Aufgabe durch käufliche PHG aufgrund fehlender Sensoren bislang nicht gelöst werden kann. Beispielsweise zeigte HERRMANN
/1/ für den Bereich der Teilefertigung, daß dort noch an 88 %
aller Arbeitsplätze die Werkstücke manuell geordnet werden müssen.

Zum automatischen Ordnen werden auf dem Markt eine Vielzahl
von Einrichtungen angeboten. Die Mehrzahl dieser Geräte sind

Vibrationswendelförderer und Schleppkettenförderer /15, 16/.

Darüberhinaus gibt es eine kleinere Anzahl von Geräten, die nach dem Prinzip des Drehtellerbunkers arbeiten. Andere denkbare Funktionsprinzipien zum Ordnen von Werkstücken sind entweder aus Kostengründen oder aufgrund ihrer sehr begrenzten Einsatzmöglichkeit nur vereinzelt realisiert worden.

Der wesentliche Nachteil der angebotenen Ordnungseinrichtungen besteht in ihrer mangelnden Flexibilität. So gibt es gegenwärtig keine Ordnungseinrichtung, die auf mehrere unterschiedliche Werkstücktypen leicht umrüstbar ist. Eine Lösung dieses Problems stellt die Verkettung konventioneller Ordnungseinrichtungen mit Fernsehsystemen zur Positions- und Orientierungserkennung von Werkstücken dar. Bei diesen Systemen übernimmt die Ordnungseinrichtung nur den Austrag der Werkstücke aus dem Bunker. Der eigentliche Ordnungsvorgang wird durch das PHG ausgeführt, das aufgrund der von optischen Sensoren gelieferten Informationen das Werkstück greift und durch geeignete Bewegungen seiner Handachsen in die gewünschte Orientierung und Position bringt.

2.3 Bestehende Hilfsmittel zur Einsatzplanung von programmierbaren Handhabungsgeräten

Gegenwärtig ist keine Arbeit bekannt, die sich schwerpunktmäßig mit der Aufgabe der Einsatzplanung von programmierbaren Handhabungsgeräten befaßt hat. Es gibt jedoch mehrere Arbeiten, die sich im Zusammenhang mit der Bearbeitung anderer Themenschwerpunkte mit Teilproblemen der Einsatzplanung auseinandergesetzt haben. Diese Arbeiten wurden untersucht, um Anregungen bzw. konkrete Methoden oder Hilfsmittel zur Lösung der vorliegenden Aufgabenstellung zu finden. Es zeigte sich hierbei, daß die Arbeiten von HERRMANN /1/, SCHRAFT /12/ und SCHIMKE /17/ wertvolle Grundlagen für die Problembearbeitung liefern können. Die darüberhinaus untersuchten Arbeiten behandeln hingegen entweder zu spezielle Problemstellungen /18, 19, 2o/, als daß sie im Rahmen des zu schaffenden allgemeingültigen Planungssystems Berücksichtigung finden könnten, oder aber stellen grundsätzliche Problemerörterungen in den Vordergrund /21, 22, 23/.

Zur Veranschaulichung der Planungsergebnisse kann noch ein von
HEGINBOTHAM entwickeltes Programmpaket /24, 25/ Verwendung
finden, welches die 3-dimensionale Darstellung der Bewegungsabläufe eines PHG auf dem graphischen Bildschirm ermöglicht.
Dies setzt allerdings den Einsatz eines sehr leistungsstarken
Rechners voraus, da in diesem Fall eine Fülle von Koordinaten-
transformationen in sehr kurzer Zeit ausgeführt werden müssen.

Ziel der Arbeit von HERRMANN ist es, die Anforderungen an flexible Handhabungsgeräte in der Teilefertigung zu ermitteln.
Hierzu führt er umfangreiche Arbeitsplatzanalysen in diesem
Fertigungsbereich durch. Als Hilfsmittel für die Analysen erstellt er einen Fragebogen /26/, um einerseits die Erfassung
sämtlicher für die gestellte Aufgabe relevanten Merkmale sicher-
zustellen und andererseits die Reproduzierbarkeit der Ergebnisse zu gewährleisten. Der Fragebogen enthält bereits viele
Merkmale, die für die Einsatzplanung von PHG von Bedeutung
sind. Er kann damit als Grundlage für die Erarbeitung eines
Instrumentariums zur Erfassung der arbeitsplatzspezifischen
Planungsdaten dienen (vergl. Kap. 4.1).

SCHRAFT stellt ein Rechnerprogramm vor, welches für einen gegebenen Arbeitsplatz mit unveränderlicher Maschinenaufstellung
und starrer Bedienfolge die zur Automatisierung geeigneten PHG
ermittelt. Das Programm ist in drei Stufen gegliedert. Zunächst
wählt es durch Vergleich der Gegebenheiten des Arbeitsplatzes
mit den Eigenschaften der auf dem Markt angebotenen PHG die
prinzipiell möglichen Gerätelösungen aus. Danach bestimmt es
für die ausgewählten Geräte alternativ mögliche Anordnungen.
Schließlich wählt es aus diesen Anordnungsmöglichkeiten jeweils den Gerätestandort aus, der das Durchfahren des gegebenen Arbeitszyklusses in minimaler Taktzeit ermöglicht. Teile
dieses Programmes, wie die Geräteauswahl und die Taktzeitberechnung, beinhalten Lösungen zu wichtigen Teilaufgaben der
Einsatzplanung von PHG. Eine Integration dieser Programmteile
in das zu entwickelnde rechnerunterstützte Planungssystem bietet sich daher an.

Gleichfalls in /12/ stellt SCHRAFT eine Methode zum rechnerunterstützten Konzipieren von PHG vor. Als Grundlage dieser
Methode dienen umfangreiche Datensammlungen, in denen für die
einzelnen Teilsysteme von PHG bekannte, bereits auf dem Markt
erhältliche Baugruppen abgespeichert sind. Aus diesen werden
mittels geeigneter Zugriffsprogramme die für die gegebene Aufgabenstellung möglichen Lösungen ausgewählt.

Eine Aufgabe mit ähnlicher Zielsetzung behandelt SCHIMKE. Er
entwickelt ein Planungssystem zur Auslegung modular aufgebau-
ter Handhabungssysteme. Besonderes Augenmerk legt er dabei auf
die Herleitung der logischen Abfolge der einzelnen Planungsschritte sowie der jeweils zu berücksichtigenden Einflußgrößen.

Die beiden zuletzt angesprochenen Hilfsmittel stellen primär
eine wertvolle Unterstützung für den Gerätehersteller bei der
Entwicklung von Neu- und Variantenkonstruktionen dar. Daneben
können sie jedoch auch im Rahmen der Automatisierung gegebener
Arbeitsplätze Anwendung finden, nämlich dann, wenn eine Automatisierung dringend erforderlich ist und keine käuflichen Geräte für den Einsatz geeignet sind. Dies wird jedoch allein
aus wirtschaftlichen Gründen stets eine Ausnahme bleiben. Von
einer Berücksichtigung dieser Hilfen beim Aufbau des Planungssystems wurde daher abgesehen.

3 Konzeption des rechnerunterstützten Planungsverfahrens

3.1 Aufgaben der Einsatzplanung

Neben der Beseitigung von schwerer körperlicher Arbeit muß das
wichtigste Ziel der Einsatzplanung von PHG die Befreiung des
Menschen vom Maschinentakt sein. Hierfür sprechen neben wirtschaftlichen Gründen - nur in diesem Fall kann der PHG-Einsatz
zur Senkung der Arbeitskosten führen - auch soziale und sicher-
heitstechnische Erwägungen.

So ist die Entkopplung des Menschen vom Maschinentakt eine wichtige Voraussetzung für den Abbau von Belastungen am Arbeitsplatz.
Weiterhin kann nur auf diese Weise das Bedienpersonal mit Sicherheit aus dem Gefahrenbereich der Fertigungseinrichtungen und des
Handhabungsgerätes ferngehalten und damit zuverlässig vor Unfällen
geschützt werden.

Um die Befreiung des Bedienpersonals vom Maschinentakt zu erreichen, darf sich die Einsatzplanung von PHG nicht auf die Automatisierung der Werkstückhandhabung beschränken, sondern muß
darüberhinaus für alle anderen Funktionen, die vom Menschen an
einem Arbeitsplatz ständig ausgeführt werden, Lösungen zur Automatisierung bzw. Verlagerung erarbeiten.

Bild 5 gibt einen Überblick über die Tätigkeiten des Bedien-
personals an einem Arbeitsplatz und die sich daraus ergebenden
Probleme der Einsatzplanung. Es wird deutlich, daß neben der
Lösung der eigentlichen Handhabungsaufgabe, in deren Mittel-
punkt die Geräteauswahl und die Planung der Maschinenaufstellung
stehen, die Automatisierung des Bearbeitungsvorganges, des
Prüfens sowie der Hilfsstoffzufuhr und Abfallabfuhr wichtige
Aufgaben der Einsatzplanung darstellen.

Bild 5:
Aufgaben des Bedienmannes
an einem Arbeitsplatz und
die daraus resultierenden
Aufgaben der PHG-Einsatz-
planung

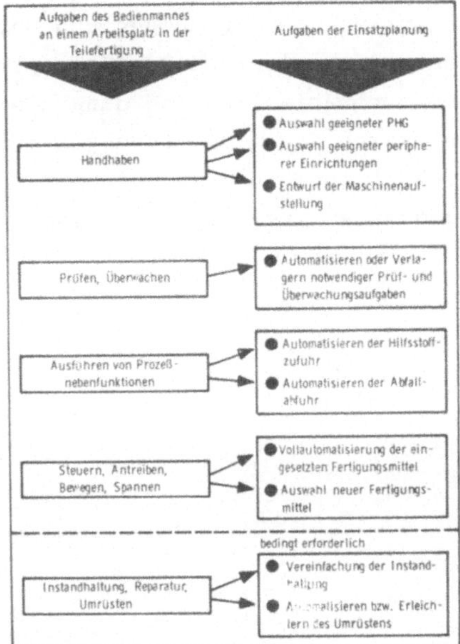

3.2 Vorgehensweise der Einsatzplanung

Eine systematische Lösung der oben aufgeführten Aufgaben ermöglicht die in **Bild 6** dargestellte Planungsmethode. Hiernach ist die Einsatzplanung zweckmäßig in vier Stufen durchzuführen. Zunächst ist der gegebene Istzustand zu erfassen. Zweck dieser Istzustandsaufnahme ist die Definition und Abgrenzung sämtlicher im Rahmen der Einsatzplanung zu behandelnden Teilprobleme.

Als unmittelbares Ergebnis dieses Arbeitsschrittes kann der technische und wirtschaftliche Gesamtaufwand des geplanten PHG-Einsatzes abgeschätzt und daraufhin die Zweckmäßigkeit dieser Maßnahme beurteilt werden.

Die Erarbeitung alternativer Konzeptvarianten schließt sich an die Istzustandsaufnahme an. Um sich in dieser Phase nicht auf einzelne Lösungsmöglichkeiten einzuschränken, bietet sich die

Aufgliederung der zu lösenden Gesamtfunktion in Teilfunktionen
an. Anschließend sind zu den einzelnen Teilfunktionen geeignete
Lösungsprinzipien zu suchen und unter Beachtung des Gesamtsystemverhaltens zu alternativen Konzeptvarianten zusammenzufassen.
Die Konzeptvarianten sind danach einer vergleichenden Bewertung
zu unterziehen, um die Lösungen auszuwählen, die in technischer,
wirtschaftlicher und humanitärer Hinsicht den größten Nutzen für
den gegebenen Arbeitsplatz versprechen.

Bild 6:
Überblick über die
Vorgehensweise der
Einsatzplanung pro-
grammierbarer Hand-
habungsgeräte

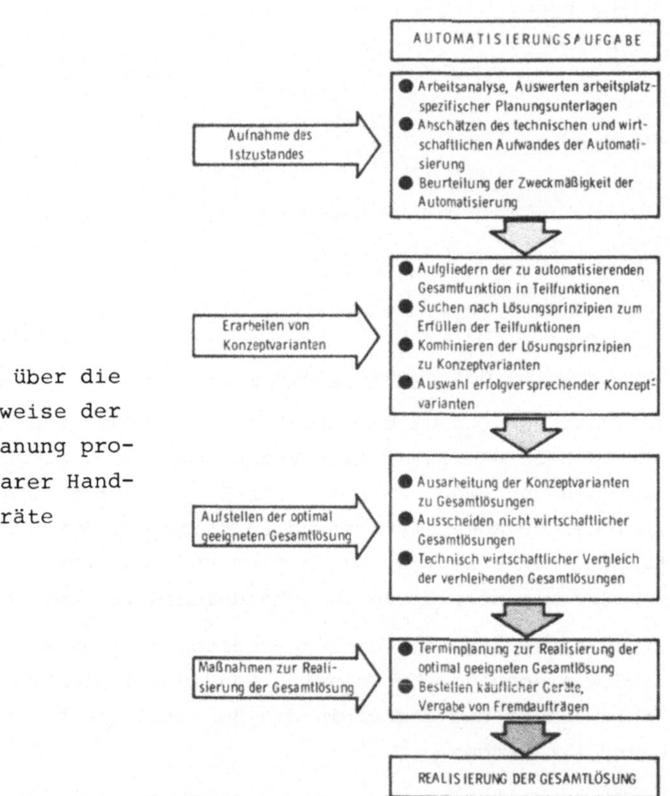

Die Ausarbeitung der ausgewählten Konzeptvarianten zu technischen Gesamtlösungen bildet die dritte und zeitaufwendig-
ste Planungsphase. In <u>Bild 7</u> sind die im Rahmen dieser Planungsphase zu lösenden Teilprobleme mit ihren wesentlichen
Einflußgrößen dargestellt. Da zwischen den zu behandelnden
Teilproblemen zum Teil starke Abhängigkeiten bestehen, können sie nicht unabhängig voneinander bearbeitet werden, sondern nur in einer fest vorgegebenen Reihenfolge.

Die stärksten Wechselbeziehungen bestehen zwischen der Layoutplanung und der Auswahl geeigneter PHG. So wirken sich Änderungen an der gegebenen Maschinenanordnung direkt auf die
geometrischen Anforderungen an das Handhabungsgerät aus.
Weiterhin können sie zu einer Einschränkung des Raumangebotes
und damit der Installationsmöglichkeit des PHG führen. Umgekehrt muß die Maschinenaufstellung entsprechend der Anzahl und
dem Typ der eingesetzten PHG gewählt werden.

Gleichfalls bestehen wichtige Zusammenhänge zwischen der Auswahl der Peripherie und der Festlegung der Maschinenaufstellung.
So müssen bei der Planung der Maschinenaufstellung die für die
peripheren Einrichtungen erforderlichen Stell- und Wartungs-
flächen berücksichtigt werden. Andererseits können die notwendigen
Zuführ- und Transporteinrichtungen erst nach Kenntnis der Maschinenaufstellung gestaltet werden. Aus der Tatsache, daß das PHG
auch zur Abfallabfuhr oder Hilfsstoffzufuhr eingesetzt werden kann,
ergeben sich wichtige Abhängigkeiten zwischen der Lösung dieser
Teilaufgaben und der PHG-Auswahl. Schließlich können aufgrund
unzureichend automatisierter Bearbeitungsprozesse Neuanschaffungen
einzelner Fertigungsmittel erforderlich werden, wodurch die
Ausgangslage sämtlicher zu bearbeitender Teilaufgaben verändert
wird.

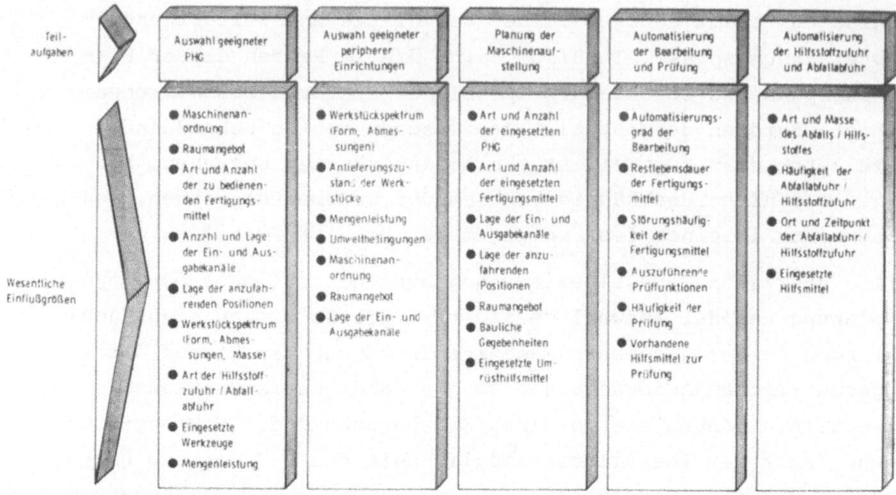

Bild 7: Wichtige Teilaufgaben der Einsatzplanung von PHG mit
ihren wesentlichen Einflußgrößen

Aufgrund der geschilderten Beziehungen lassen sich die folgenden Schlußfolgerungen für die Ausarbeitung der Gesamtlösung
ziehen:

1. Die Anwendbarkeit gegebener Fertigungsmittel im automatisierten Betrieb ist vor der Lösung aller anderen Teilprobleme zu überprüfen.

2. Die prinzipielle Einsatzmöglichkeit von PHG zur Abfallabfuhr und zur Hilfsstoffzufuhr muß vor der Layoutplanung
und der Auswahl der Handhabungseinrichtungen geprüft werden. Gleichfalls sind vor der Layoutplanung sämtliche
peripheren Einrichtungen festzulegen, die von Änderungen
der Maschinenaufstellung unbeeinflußt bleiben (Ordnungs-,
Prüfeinrichtungen).

3. Die Planung der Maschinenaufstellung muß gesondert für jeden geeigneten PHG-Typ durchgeführt werden.

4. Die Auswahl der programmierbaren Handhabungsgeräte ist in
zwei Stufen durchzuführen. Eine Vorauswahl ist vor der Planung

der Maschinenaufstellung anhand derjenigen Anforderungen,
die von der Maschinenaufstellung unabhängig sind, durchzuführen. Die endgültige Auswahl ist in Verbindung mit der
Planung der Maschinenaufstellung zu treffen.

Eine Vorgehensweise, die diesen Forderungen entspricht,ist in
Bild 8 dargestellt.

Die ausgearbeiteten Gesamtlösungen sind anschließend einer Wirt-
schaftlichkeitsbetrachtung zu unterziehen. Erweisen sich dabei
mehrere Lösungen als wirtschaftlich, so werden diese anschließend
einer technisch-wirtschaftlichen Bewertung unterzogen. Ziel dieser Bewertung ist es, die für den vorliegenden Arbeitsplatz optimal geeignete Gesamtlösung zu bestimmen.

Die Planung organisatorischer und technischer Maßnahmen zur Realisierung der ausgewählten Gesamtlösung bildet den Abschluß der
Einsatzplanung. Im Mittelpunkt dieser Arbeiten steht die Festlegung eines Terminplanes, in dem die Anfangs- und Endtermine
sämtlicher Arbeiten, die bis zur endgültigen Eingliederung des
PHG in den Herstellungsprozeß durchzuführen sind, fixiert werden.

Weitere wichtige Teilaufgaben bestehen in den Vertragsverhand-
lungen mit den Geräteherstellern sowie in der Auswahl geeigneter
Stellen (Abteilungen der eigenen Firma, Fremdfirmen) zur Durchführung der erforderlichen Anpaß- und Umbauarbeiten am gegebenen
Arbeitsplatz.

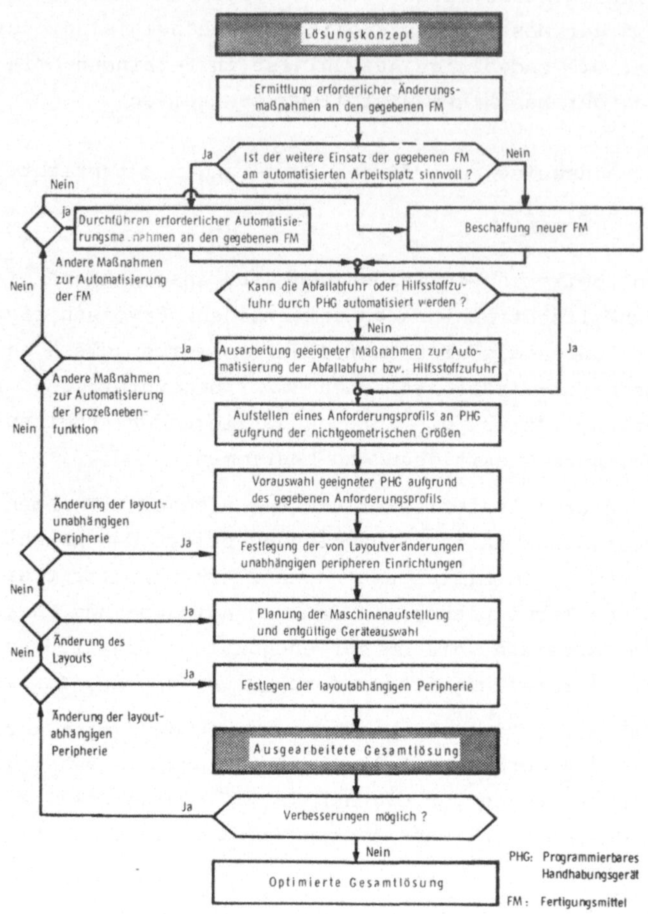

Bild 8: Ablaufplan zur Ausarbeitung der automatisierten Gesamtlösung

3.3 Grenzen und Möglichkeiten des Rechnereinsatzes

Wie die dargelegte Methodik zur Einsatzplanung verdeutlicht, können aufgrund der funktionellen Abhängigkeiten, die zwischen den
zu lösenden Teilproblemen bestehen, einzelne Planungsabschnitte
nur bei einer iterativen Vorgehensweise zu einem optimalen Ergebnis geführt werden. Eine derartige Lösungsmethode erfordert
bei konventioneller Vorgehensweise einen sehr hohen Zeitaufwand
und damit erhebliche Planungskosten. Mit Hilfe des Rechnereinsatzes kann dieser Zeitaufwand wesentlich reduziert werden, da
in diesem Fall die Bearbeitungsdauer weitgehend unabhängig von
der Anzahl der durchzuführenden Iterationsschritte wird.

Dieser Vorzug des Rechnereinsatzes sowie die eingangs erwähnten
Vorteile wie

- die Reduzierung von Routinetätigkeiten,
- die Verringerung von Fehlerquellen und
- die Objektivierung der Planungsergebnisse

sprechen für eine möglichst weitgehende rechnerunterstützte Bearbeitung. Dieser sind jedoch aufgrund der Komplexität der zu
lösenden Teilaufgaben Grenzen gesetzt. Wie Bild 9 verdeutlicht,
wechseln im Rahmen des Einsatzplanungsprozesses geistig-schöpferische Tätigkeiten mit vorwiegend schematisch manuellen Tätigkeiten ab. Da sich bekanntlich nur letztere auf eine elektronische Datenverarbeitungsanlage übertragen lassen, ist eine vollständige Automatisierung des Planungsprozesses nicht möglich.

Möglichkeiten der Rechnerunterstützung bieten sich im vorliegenden Fall entweder durch die Formulierung separater Rechnerprogramme für wichtige der zu behandelnden Teilprobleme oder aber
durch die Entwicklung eines interaktiven Programmsystems, welches
dem Planer erlaubt, direkt in den Programmablauf einzugreifen.
Diese beiden Möglichkeiten sind in Bild 1o gegenübergestellt.

Bild 9: Teilaufgaben der PHG-Einsatzplanung mit ihren wesentlichen Tätigkeitsinhalten

Das erste Vorgehen ist recht umständlich und zeitaufwendig, da
der Planer nach jedem von ihm bearbeiteten Teilschritt dem Rechner die ihm zugedachte Aufgabe eingeben muß, um diese Prozedur
nach einem möglicherweise unbefriedigenden Rechenergebnis erneut
durchführen zu müssen. Zudem ist bei diesem Verfahren aufgrund
der häufigen manuellen Dateneingabe mit einer hohen Fehlerquote
zu rechnen.

Einen wesentlich größeren Bearbeitungskomfort bietet die zweite
interaktive Vorgehensweise. Sie ermöglicht die zusammenhängende
Bearbeitung mehrerer Einzelaufgaben, wodurch der erforderliche
Aufwand zur Dateneingabe und Datenaufbereitung erheblich reduziert werden kann. So brau-
chen in diesem Fall die ar-
beitsplatzbeschreibenden Daten nur einmal eingelesen zu
werden, da diese dann rechnerintern gespeichert und
jeweils bei der Lösung von
Einzelaufgaben mit den neu
hinzukommenden Daten wei-
terverarbeitet werden. Weitere wesentliche Vorteile
dieser Vorgehensweise er-
geben sich aufgrund der
direkten Einflußmöglich-
keiten des Planers auf den
Programmablauf. Hierdurch
lassen sich die Anwendungsbreite und -tiefe der Rechnerprogramme erheblich er-
weitern. Zudem ist auf diese
Weise eine sehr realitätsbe-
zogene Lösungssuche zu ver-
wirklichen, was sich vor allem in einer schnellen Umsetzbarkeit der Planungsergebnisse
in die Praxis auswirkt.

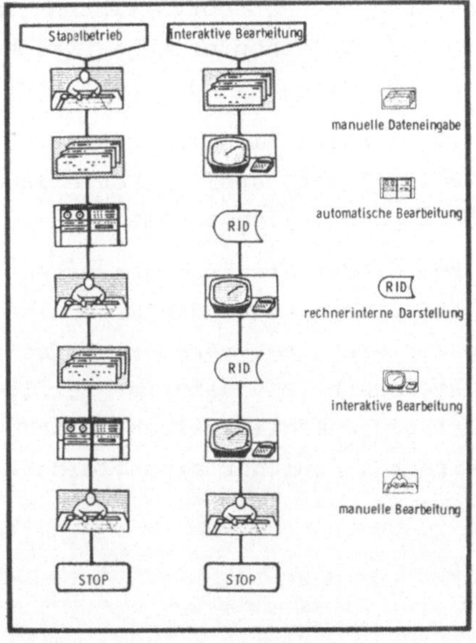

Bild 10:
Entwicklungsstufen der rechnerunterstützten Bearbeitung

3.4 Grobstruktur des rechnerunterstützten Planungssystems

Die vorgenannten Überlegungen sprechen für die Entwicklung eines
Dialogverfahrens zur Einsatzplanung. In diesem können jedoch
nicht sämtliche zu behandelnden Teilaufgaben integriert werden.
Einzelne Arbeitsschritte müssen weiterhin einer rein manuellen
Bearbeitung überlassen bleiben, da für sie eine dialogmäßige Pro-
blemlösung entweder programmtechnisch nicht realisierbar ist
oder aber aufgrund geringer Nutzungsmöglichkeiten der EDV nicht
lohnt. Dies sind einerseits die fertigungsmittelbezogenen Teilaufgaben, da diese aufgrund der vielfältigen Einsatzmöglichkei-
ten von PHG eine zu große Variationsbreite aufweisen, als daß
für sie ein ausreichend universeller Algorithmus erstellt werden könnte; andererseits sind es die Einzelschritte, die zur Erarbeitung der Konzeptvarianten führen, da diese fast ausschließlich geistig-schöpferische Tätigkeiten beinhalten, die der EDV
nicht übertragen werden können.

Hieraus ergibt sich für das zu entwickelnde Planungssystem die
in <u>Bild 11</u> dargestellte Verteilung der manuellen und dialog-
mäßigen Bearbeitungsphasen.

Um bei dieser Struktur den Dateneingabeaufwand auf ein Minimum
zu reduzieren, sind die Ergebnisse der Arbeitsplatzanalyse sowie der einzelnen rechnerunterstützten Planungsabschnitte extern
zu speichern. Die dazu im einzelnen zu schaffenden Informations-
übertragungsmöglichkeiten zwischen der Zentraleinheit und dem
peripheren Speicher sind gleichfalls in Bild 11 dargestellt.

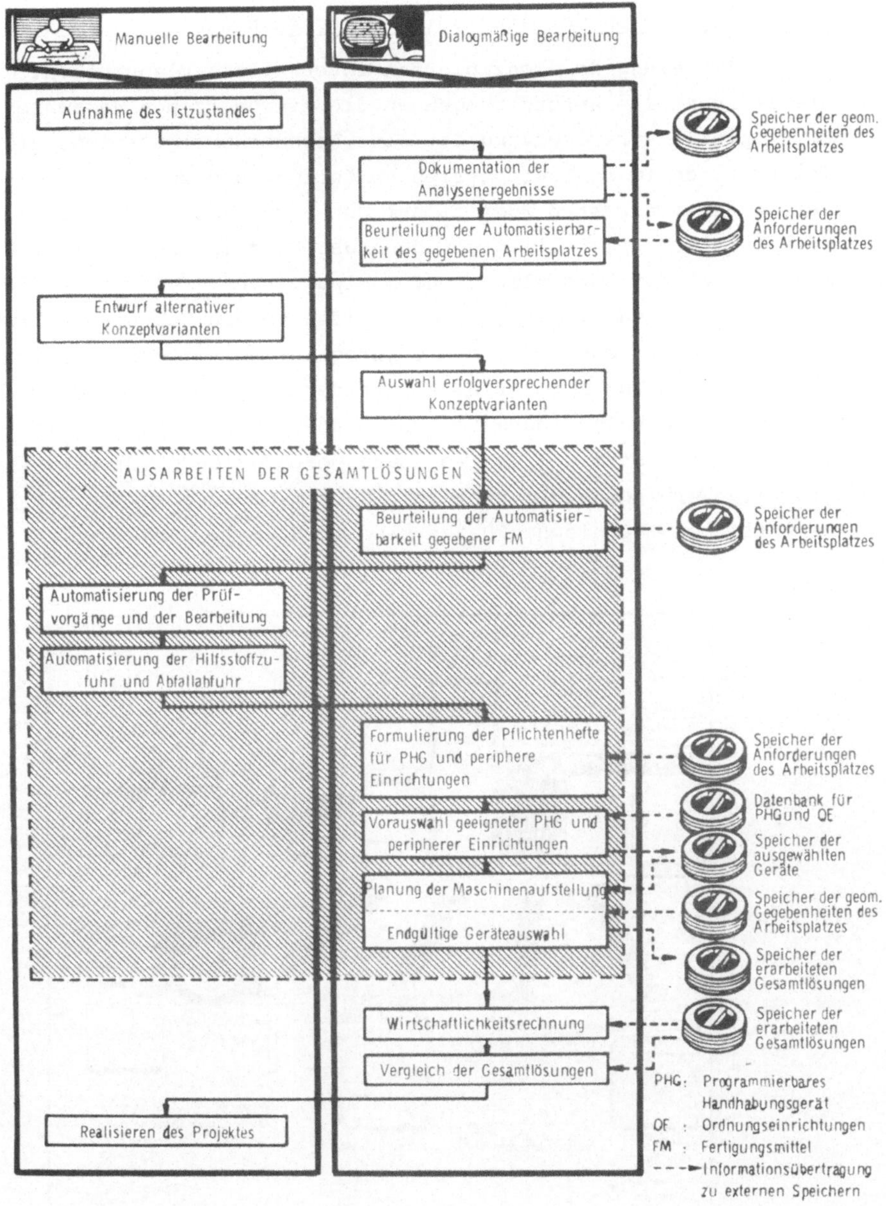

Bild 11: Struktur des rechnerunterstützten Planungssystems

3.5 Konfiguration der eingesetzten Rechenanlage

Die Realisierung des konzipierten interaktiven Planungssystems
stellt spezielle Anforderungen an die einzusetzende Hardware.
Prinzipielle Voraussetzung ist eine Rechnerkonfiguration, die
das Arbeiten im Echtzeitbetrieb ermöglicht und deren Peripherie-
geräte einen direkten Zugriff auf den Programmablauf ermöglichen.
Weiterhin muß speziell zur Planung der Maschinenaufstellung die
Möglichkeit der Darstellung und Manipulierung graphischer Elemente hardwaremäßig gegeben sein. Diese beiden Bedingungen werden
nur durch ein Rechnersystem mit integriertem, interaktivem,
graphischem Bildschirm erfüllt. Ein derartiges System wurde zur
Problembearbeitung eingesetzt. Es handelt sich dabei um das
Digigraphic-System der Control Data Corporation (CDC). Die funk-
tionelle Verbindung der einzelnen Systemkomponenten sowie ihre
wesentlichen technischen Daten sind in Bild 12 dargestellt.

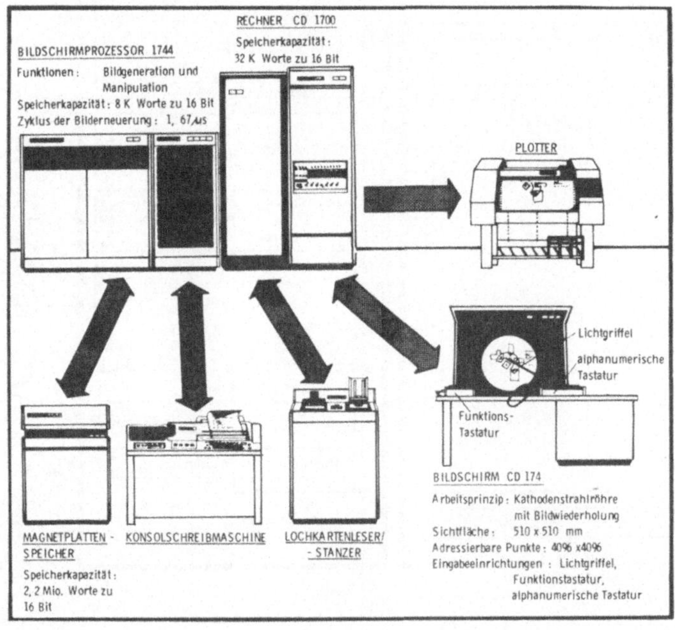

Bild 12: Konfiguration des interaktiven, graphischen Rechner-
systems

3.6 Anforderungen an das zu entwickelnde Dialogplanungsverfahren

Das Dialogplanungsverfahren ist so zu gestalten, daß es von einem
breiten Anwenderkreis genutzt werden kann. Dies bedeutet, daß es
einerseits die Behandlung eines breiten Aufgabenspektrums zulas-
sen muß, andererseits an die Möglichkeiten und Wünsche des poten-
tiellen Anwenders angepaßt sein muß. Im einzelnen ergeben sich
aufgrund dieser Zielsetzung die in Bild 13 zusammengestellten Anforderungen.

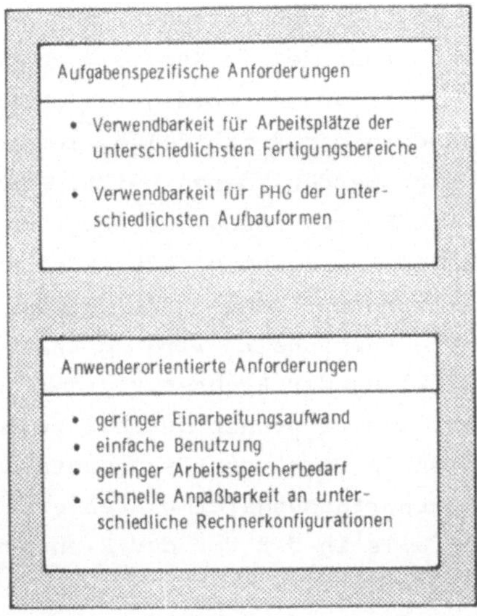

Bild 13: Anforderungen an das rechnerunterstützte Planungssystem

Die angeführten aufgabenspezifischen Anforderungen resultieren
aus dem in Kap. 2 beschriebenen gegenwärtigen Stand der Hand-
habungstechnik.

Die Forderung nach einer den Arbeitsspeicher entlastenden Pro-
grammiertechnik ist zu stellen, um die Implementierung der Rechenprogramme auf Anlagen mit geringer Kernspeicherkapazität zu ermöglichen. Zum Erreichen dieses Zieles ist eine weitgehende Nutzung der Overlaytechnik* sowie die Auslagerung speicherplatzin-

*Überlagerung aufeinander folgender Programmteile im Kernspeicher

tensiver Daten und Zwischenergebnisse auf externe Speicher erforderlich.

Um die Implementierung der Rechenprogramme auf andere Anlagen in kurzer Zeit durchführen zu können, ist bei der Programmerstellung auf anlagenspezifische Software weitgehend zu verzichten. Unverzichtbare, anlagenspezifische Befehle,wie beispielsweise die Routinen zur Bilddarstellung,sind nach Möglichkeit in Blöcken zusammenzufassen, um einen schnellen Austausch zu gewährleisten.

Ein Programmsystem, welches den aufgestellten Anforderungen genügt, wurde zur Bearbeitung der in Kap. 3.4 ausgewählten Teilaufgaben erstellt. Die Programme wurden in FORTRAN IV formuliert. Sie werden nachfolgend in der Reihenfolge, in der sie bei der Einsatzplanung benötigt werden, dargestellt. Hierbei wird das Hauptaugenmerk auf die Beschreibung der Programmfunktionen und ihre situationsbedingte Anwendung gelegt. Eine ausführliche Darstellung der Programmstruktur sowie eine detaillierte Beschreibung der einzelnen Programminhalte wird im Anhang gegeben. Ergänzend zu der Entwicklung der Rechnerprogramme wurden für diejenigen Teilaufgaben, die weiterhin manuell zu lösen sind, geeignete Planungshilfen in Form von Lösungskatalogen, Entscheidungstabellen und Datenerfassungsformularen erstellt. Diese Hilfen werden gleichfalls in der von der Planungslogik vorgegebenen Reihenfolge erläutert.

4 Durchführen und Auswerten der Arbeitsplatzanalyse

4.1 Formblätter zur Arbeitsplatzanalyse

Die bei der Einsatzplanung von PHG zu berücksichtigenden technischen, wirtschaftlich-organisatorischen und sozialen Einflußgrößen sind in einer detaillierten Arbeitsplatzanalyse zu erfassen. Als Hilfsmittel für die Durchführung dieser Analyse wurden ausgehend von den von HERRMANN/26/ entwickelten Instrumentarien
geeignete Datenerfassungsformulare erstellt. Diese stellen sicher,
daß alle relevanten Größen erfaßt werden und die gewonnenen Ergebnisse reproduzierbar sind.

Mit Hilfe der Formblätter können über 2oo quantifizierbare und
nicht quantifizierbare Merkmale zu den folgenden Inhalten erfaßt
werden:

- Handhabungsaufgabe und Handhabungsgut,
- eingesetzte Fertigungsmittel
  und sonstige Arbeitshilfen,
- auszuführende Prüf- und Überwachungstätigkeiten,
- Arbeitsorganisation,
- Belastungen und Unfallgefahren.

Während die quantifizierbaren Merkmale durch Eintragung der jeweiligen Zahlenwerte in die dafür vorgesehenen Datenfelder festgehalten werden, geschieht die Dateneingabe der nicht quantifizierbaren Merkmale durch Ankreuzen der zutreffenden Alternative
in einer Auswahlliste, die jeweils neben den Merkmalen in den
Formblättern aufgeführt ist.

Zur Erfassung der räumlichen Verhältnisse am Arbeitsplatz sowie
des Handhabungsablaufes wurde eine zeichnerische Darstellung gewählt. Diese umfaßt die folgenden Schritte:

1. Festlegung eines raumfesten und eines werkstückbezogenen
   Koordinatensystems (Bezeichnung der Achsen: U, V, W und
   U', V', W')

2. Annäherung der Grundrisse der Maschinen und der zu berücksichtigenden baulichen Gegebenheiten durch Polygonzüge und
Bestimmen der Koordinatenwerte ihrer Eckpunkte in bezug auf
das raumfeste Koordinatensystem.

3. Kennzeichnung und Numerierung der anzufahrenden Positionen
in der Reihenfolge des Arbeitszyklusses und Bestimmen ihrer
Koordinatenwerte in bezug auf das raumfeste Koordinatensystem.

4. Kennzeichnung der Werkstückorientierung in jeder anzufahrenden
Position durch Einzeichnung der Orientierung des werkstückbezogenen Koordinatensystems U', V', W'.

In <u>Bild 14</u> ist diese Vorgehensweise anhand eines Beispiels verdeutlicht.

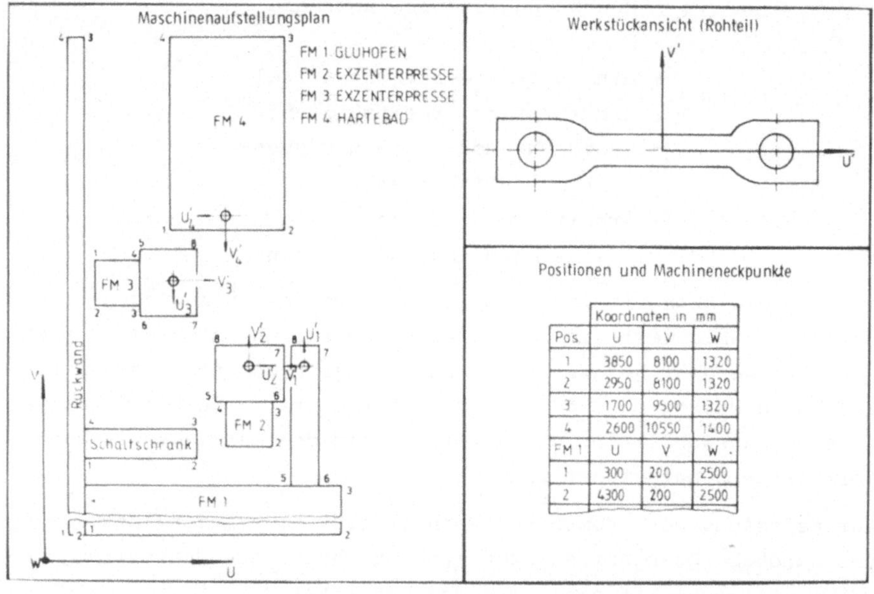

Pos.	Koordinaten in mm		
	U	V	W
1	3850	8100	1320
2	2950	8100	1320
3	1700	9500	1320
4	2600	10550	1400
FM 1	U	V	W .
1	300	200	2500
2	4300	200	2500

<u>Bild 14:</u> Beispiel zur Erfassung der geometrischen Gegebenheiten
an einem Arbeitsplatz

4.2 Abspeicherung und Dokumentation der nicht geometrischen Arbeitsplatzdaten

Zur Eingabe der Analysenergebnisse in den Speicher der Rechenanlage wird der graphische Bildschirm eingesetzt. Auf diesem werden schrittweise die zur Arbeitsplatzanalyse verwendeten Formblätter dargestellt. Jeweils, wenn ein Merkmal der Analyse abgearbeitet ist, erscheint die Bezeichnung des folgenden Merkmals unter Angabe entsprechender Erläuterungen oder - bei nicht quantifizierbaren Merkmalen - mit einer Liste möglicher Merkmalsausprägungen auf dem Bildschirm. Die Eingabe der quantifizierbaren Größen geschieht über die alphanumerische Tastatur. In diesem Fall erscheinen die eingegebenen Zeichen direkt in dem dafür vorgesehenen Datenfeld. Zur Spezifizierung von nicht quantifizierbaren Größen wird durch den Lichtgriffel der betreffende Begriff in der Liste der möglichen Merkmalsausprägungen "angepickt".* In diesem Fall wird über die Koordinaten des "angepickten" Bildelements der Begriff identifiziert und abgespeichert. Auf dem Bildschirm wird der ausgewählte Begriff durch ein Kreuz gekennzeichnet. Fehlerhafte Dateneingaben können über Aufruf eines speziellen Unterprogrammes direkt gelöscht und korrigiert werden. Ist ein Arbeitsblatt vollständig ausgefüllt, so werden die erfaßten Daten auf der Magnetplatte abgelegt. Sie können auf Wunsch über die Konsolschreibmaschine protokolliert werden.

In **Bild 15** ist die Eingabe der Analysendaten am Bildschirm beispielhaft dargestellt.

---

*Vergl. Erläuterung zu "Pick" in Kap. 0

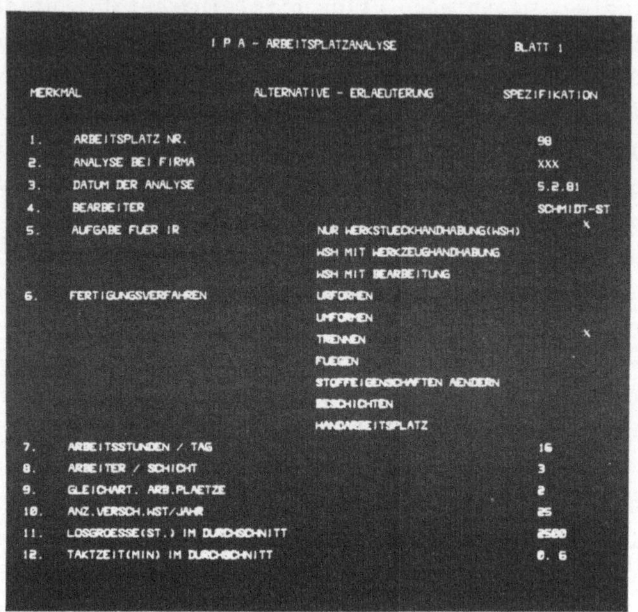

Bild 15: Eingabe der Daten der Arbeitsplatzanalyse am graphischen Bildschirm

Im Gegensatz zu den in den Formblättern festgehaltenen nicht geometrischen Daten, werden die geometrischen Arbeitsplatzmerkmale ausschließlich für den späteren Planungsschritt - der Layoutplanung - benötigt. Sie werden daher erst unmittelbar vor diesem Planungsschritt eingelesen.

4.3 Rechnerunterstützte Auswertung der Arbeitsplatzanalyse

Aufgrund der Analysenergebnisse ist zuerst zu prüfen, ob der jeweilige Arbeitsplatz den folgenden drei Voraussetzungen, die grundsätzlich bei der Automatisierung der Handhabung erfüllt sein müssen, genügt:

     - Gleiche Arbeitsabläufe werden mehr-
       mals wiederholt.
     - Die Arbeitsvorgänge sind zu jedem
       Zeitpunkt eindeutig definiert.
     - Die Arbeitsvorgänge enthalten höchstens
       einfache, anhand quantifizierbarer Grös-
       sen zu fällende Entscheidungen.

Falls diese Überprüfung positiv ausfällt, ist anschließend der technisch-wirtschaftliche Erfolg des PHG-Einsatzes abzuschätzen sowie die Dringlichkeit dieser Maßnahme nach Human-Gesichtspunkten zu beurteilen. Diese Arbeiten werden im Dialog mit dem Rechner durchgeführt. Die dabei gewählte Aufgabenteilung ist aus <u>Bild 16</u> ersichtlich.

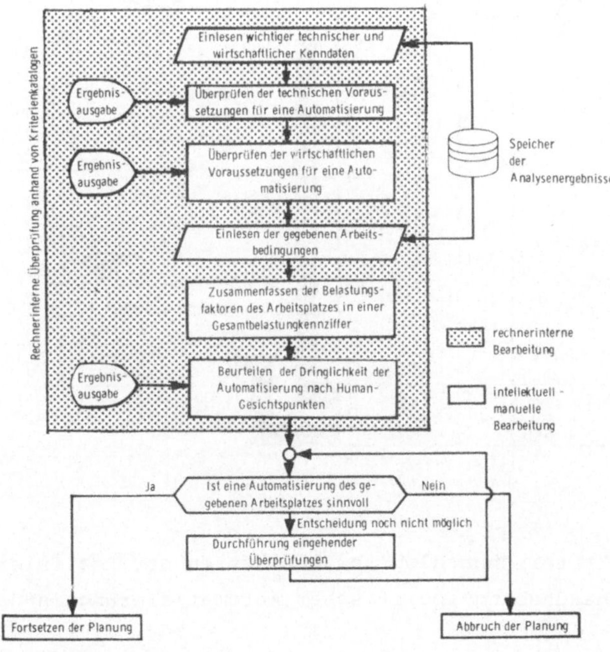

<u>Bild 16</u>: Rechnerunterstützte Vorgehensweise zur Beurteilung der Automatisierbarkeit des gegebenen Arbeitsplatzes

Zuerst werden rechnerintern anhand vorgegebener Kriterienkataloge die einer Automatisierung entgegenstehenden technischen und wirtschaftlichen Hemmnisse zusammengestellt, <u>Bild 17</u>.

Die dabei verwendeten fertigungsmittelbezogenen Kriterien eignen sich allgemein zur Beurteilung der Erfolgsaussichten von handhabungsspezifischen Automatisierungsmaßnahmen. Sie beruhen auf der Tatsache, daß der Einsatz eines Handhabungsgerätes nur sinnvoll ist, wenn der gesamte Bearbeitungsvorgang sowie alle ständig auszuführenden Nebenfunktionen automatisch ablaufen (vgl. Kap. 3.1). Falls die gegebenen Fertigungsmittel diese Bedingungen nicht erfüllen, müssen sie nachträglich automatisiert bzw. ersetzt werden, wodurch erhebliche Zusatzkosten entstehen.

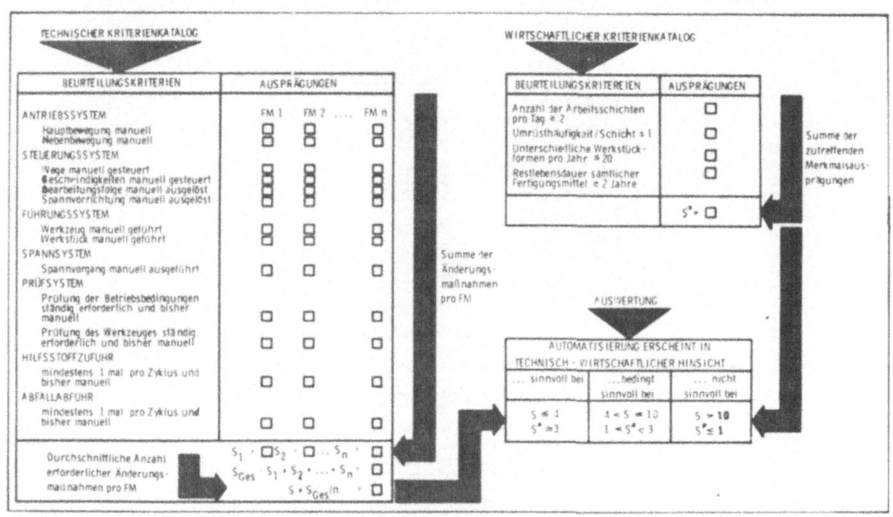

<u>Bild 17</u>: Kriterienkatalog zum Abschätzen der Realisierbarkeit handhabungsspezifischer Automatisierungsmaßnahmen

Die übrigen in Bild 17 aufgeführten Kriterien sind hingegen speziell auf den PHG-Einsatz zugeschnitten. Die Forderung nach einem 2-Schichtbetrieb des Arbeitsplatzes beruht auf einer Wirt-

schaftlichkeitsabschätzung, bei der angenommen wurde, daß durch
den Einsatz eines PHG an dem gegebenen Arbeitsplatz ein Werker .
pro Schicht weniger benötigt wird. Die Kosten für den Beschäftig-
ten wurden dabei mit 50 000 DM und die Investitionskosten für die
Automatisierung mit 210 000 DM angesetzt. Letztere Kosten schlüs-
seln sich auf in
140 000 DM für das PHG[*] und
 70 000 DM für die Peripherie[**].
Bei der Berechnung wurde weiterhin von einer maximalen Amortisationszeit von drei Jahren ausgegangen.

Die Forderung nach einer Begrenzung der Umrüsthäufigkeit ist
aufzustellen, da bislang das PHG nur unwesentlich schneller
arbeitet als der Mensch und somit die Rüstzeiten für das Handhabungsgerät in der Größenordnung der persönlichen Verteil-
zeiten liegen müssen, wenn ohne Einsatz von zusätzlichem Personal zum Rüsten gleiche Taktzeiten wie bei manueller Bedienung erreicht werden sollen. Der angegebene Grenzwert berechnet sich für die Annahme einer persönlichen Verteilzeit von 7%
und einer Rüstzeit von 0,5 Stunden für das PHG.

Eine Begrenzung der Werkstückvielfalt ist zu fordern, da bislang noch keine ausreichend flexiblen peripheren Einrichtungen
auf dem Markt angeboten werden und somit mit der Anzahl der zu
handhabenden Werkstücke der Automatisierungsaufwand wesentlich
anwächst.

Die Forderung nach einer minimal zulässigen Restlebensdauer der
gegebenen Fertigungsmittel beruht wiederum auf dem gegenwärtigen
Verhältnis von Lohnkosten zu Investitionskosten für ein PHG.
Dieses Kostenverhältnis läßt einen wirtschaftlichen Einsatz nur
zu, wenn der Arbeitsplatz mindestens zwei Jahre ununterbrochen
betrieben wird.

Neben der technisch-wirtschaftlichen Situation sind auch Human-
Gesichtspunkte bei der Beurteilung des Einsatzes eines Handhabungsgerätes heranzuziehen. Um eine Einstufung des Arbeits-

[*]mittlerer Kaufpreis für PHG im Jahre 1980
[**]50 % der PHG-Kosten; Erfahrungswert aus /27/

platzes hinsichtlich der sozialen Notwendigkeit einer Automatisierung vornehmen zu können, wird rechnerintern aufgrund der in der Arbeitsplatzanalyse erfaßten Arbeitsbedingungen eine Gesamtbelastungskennziffer ermittelt. Hierzu werden die einzelnen Belastungen, denen der Arbeiter ausgesetzt ist, mittels Gewichtungsfaktoren in Relation zueinander gesetzt und den Bewertungsstufen, die zur Quantifizierung der Einzelbelastungen in den Arbeitsblättern herangezogen wurden, geeignete Zahlenwerte zugeordnet. Die berechnete Kennzahl wird unter Angabe des möglichen Wertebereiches auf dem Bildschirm dargestellt.

Aufgrund dieses und der zuvor vom Rechner gelieferten Ergebnisse kann bereits häufig entschieden werden, ob der Einsatz eines PHG an dem gegebenen Arbeitsplatz sinnvoll ist. In manchen Fällen jedoch werden die notwendigerweise sehr vereinfachten Kriterienkataloge auf diese Frage keine eindeutige Antwort geben können. Dann gilt es anhand zusätzlicher, in der Arbeitsplatzanalyse gewonnener Informationen, eingehendere Untersuchungen durchzuführen. Hierbei müssen insbesondere die Annahmen, die der Formulierung der obigen Kataloge zugrunde lagen, auf ihre Richtigkeit hinsichtlich des gegebenen Anwendungsfalles geprüft werden. Orientierungshilfen für diese Untersuchungen wurden in /28/ erarbeitet.

5 Systematisches Erarbeiten von Lösungsmöglichkeiten zur Automatisierung der Werkstückhandhabung

5.1 Entwurf alternativer Konzeptvarianten

Unter der Voraussetzung, daß die vorangegangenen Untersuchungen für die Automatisierung des gegebenen Arbeitsplatzes sprechen, sind im folgenden Arbeitsschritt alternative Konzeptvarianten für die Durchführung der Automatisierung zu entwerfen. Hierbei darf die Planung nicht direkt auf den Einsatz eines PHG fixiert sein, sondern muß auch sämtliche anderen Lösungsmöglichkeiten zur Automatisierung der Handhabung betrachten. Lediglich, wenn aufgrund spezieller Arbeitsplatzgegebenheiten die Flexibilität des PHG zwingend erforderlich ist, ist die Einschränkung auf dieses Automatisierungsmittel zulässig. Die in beiden Fällen durchzuführenden Planungsschritte sind in <u>Bild 18</u> dargestellt.

Ausgangspunkt der Planung bildet eine Überprüfung des Arbeitsplatzes hinsichtlich

- der gegebenen Maschinenbelegung
- der Anzahl und der Anordnung der Fertigungsmittel sowie
- der Verkettung zu vor- oder nachgelagerten Arbeitsplätzen.

Ziel dieser Überprüfung ist es, Änderungsmaßnahmen zu finden, die zu vereinfachten Anforderungen an die einzusetzenden Automatisierungsmittel führen. Eine Zusammenstellung von Maßnahmen, die sich in diesem Zusammenhang anbieten, ist in <u>Bild 19</u> enthalten.

Nach Festlegung entsprechender Änderungen sind alle Parameter des Arbeitsplatzes bestimmt, die für die Automatisierungsplanung von Bedeutung sind. Insbesondere ist der Handhabungsablauf mit dem Anlieferungszustand und dem Endzustand der Werkstücke bekannt. Der Handhabungsablauf wird nachfolgend mit Hilfe der Zubringefunktionen der VDI-Richtlinie 3239 in Einzelfunktionen unterteilt und mit den entsprechenden Zubringefunktionssymbolen in einem Funktionsplan dargestellt.

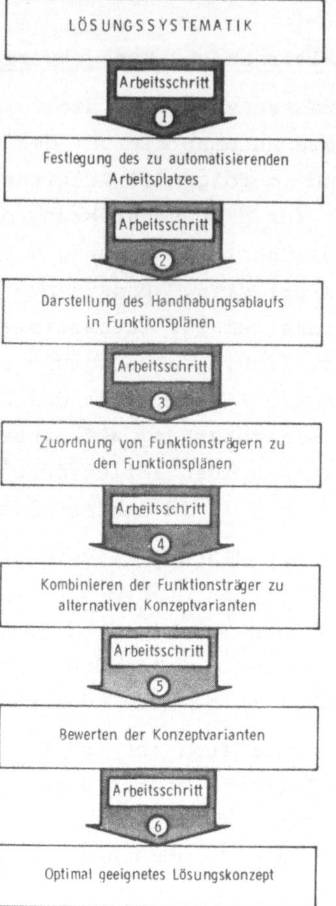

Bild 18:

Vorgehensweise zur Erarbeitung von Lösungskonzepten

Im nächsten Schritt sind zu den einzelnen Teilfunktionen geeignete Prinziplösungen bzw. Funktionsträger zur Automatisierung zu suchen. Hierbei müssen für den Fall, daß sich der Einsatz eines PHG als technisch notwendig erwiesen hat, nur diejenigen Teilfunktionen betrachtet werden, die nicht von einem PHG ausgeübt werden können. Die Suche nach geeigneten Funktionsträgern geschieht anhand von funktionsspezifischen Anforderungsprofilen, die aus den Ergebnissen der Arbeitsplatz-

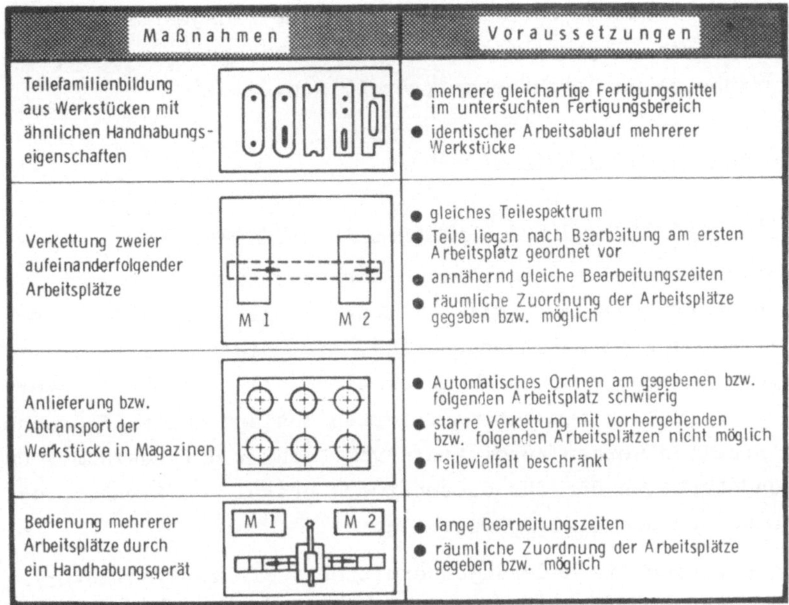

Bild 19: Technisch-organisatorische Maßnahmen zur Automatisierung der Werkstückhandhabung

analyse abzuleiten sind. Eine wesentliche Hilfe bei der Auswahl können Lösungskataloge leisten, so wie sie für Ordnungs-,Weitergebe- und Magaziniereinrichtungen auf dem Markt angeboten werden /16, 29/. Die ausgewählten Lösungen werden danach unter Berücksichtigung von Verträglichkeitsbedingungen zu alternativen Konzeptvarianten kombiniert. Die Konzeptvarianten werden abschließend einer mehrdimensionalen Bewertung nach dem Prinzip der Nutzwertanalyse unterzogen /3o/. Ziel dieser Bewertung ist es, die Lösungen auszuwählen, die sowohl in technischer als auch in wirtschaftlicher Sicht den größten Erfolg versprechen. Dieser Arbeitsschritt wird wiederum im Dialog mit dem Rechner ausgeführt.

Das für diese Aufgabe geschaffene Rechnerprogramm wird im Rahmen
der weiteren Planung noch zur Bewertung der ausgearbeiteten
Gesamtlösungen eingesetzt. Es wird im Zusammenhang mit dieser
Teilaufgabe näher beschrieben (vergl. Kap. 8.3).

5.2 Ausarbeiten von Teillösungen

5.2.1 Automatisierung der gegebenen Fertigungsmittel

Die Ausarbeitung der ausgewählten Konzeptvarianten zu technischen Gesamtlösungen beginnt mit der Kritik der am Arbeitsplatz eingesetzten Fertigungsmittel. Ziel dieser Kritik ist es,
sämtliche Änderungsmaßnahmen zusammenzustellen, die beim Über-
gang vom manuellen zum automatisierten Zustand zu treffen sind.
Diese Arbeiten werden automatisch vom Rechner durchgeführt. Umfang und Funktion der für diesen Zweck erstellten Rechnerprogramme werden aus Bild 2o deutlich.

Zunächst werden die Änderungen ermittelt, die zur Vollautomatisierung des Bearbeitungsprozesses erforderlich sind. Die
betreffenden Maßnahmen werden getrennt für die einzelnen Fertigungsmittel und deren Teilsysteme aufgeführt. Danach wird geprüft, ob eine Automatisierung der Hilfsstoffzufuhr und Abfallabfuhr notwendig ist. Als Beurteilungskriterien dienen dabei
Art und Häufigkeit, in der diese Funktionen im Istzustand ausgeführt werden. Schließlich werden die zu automatisierenden
Prüffunktionen bestimmt und aufgelistet. Hierbei wird unterschieden nach Funktionen, die zur Prüfung

- des Werkstückes (Abmessungen, Beschädigungen)
- des Werkzeuges (Verschleiß, Bruch) und
- der Betriebsbedingungen erforderlich sind.

Bei nicht ausreichendem Automatisierungsgrad eines Fertigungsmittels sind anhand des vom Rechner aufgeführten Maßnahmenkata-
loges geeignete technische Lösungen zur nachträglichen Automatisierung zu erarbeiten und die dafür erforderlichen finanziellen
Aufwendungen abzuschätzen.

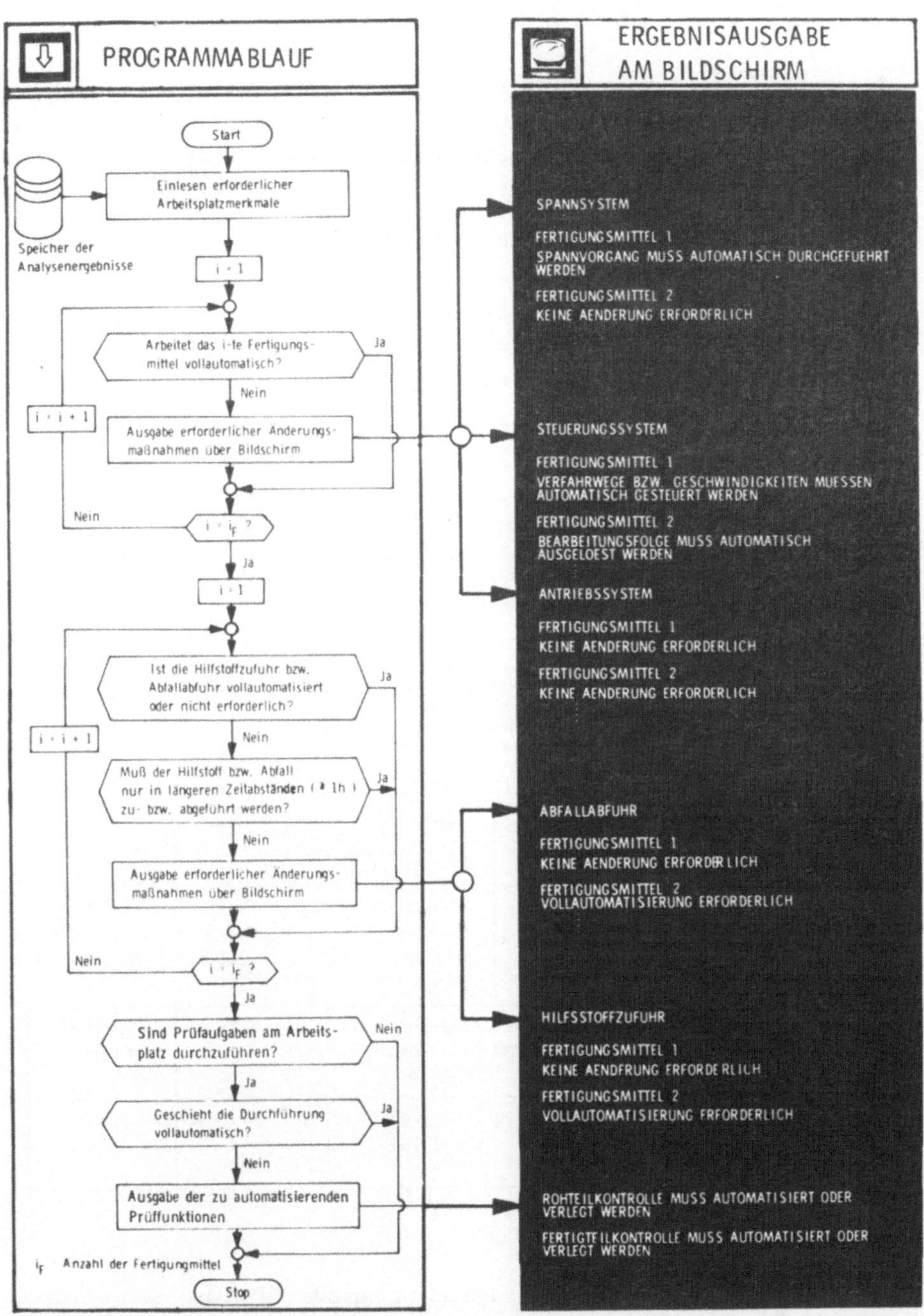

Bild 2o: Rechnerunterstützte Auswertung der fertigungsmittel-bezogenen Analysenergebnisse

Diese sind den Kosten für eine Neuanschaffung des entsprechenden Fertigungsmittels gegenüberzustellen, um zu entscheiden, ob im gegebenen Fall eine nachträgliche Automatisierung oder die Anschaffung eines neuen Fertigungsmittels günstiger ist.

Während sich zur nachträglichen Automatisierung der Bearbeitung und Prüfung je nach Fertigungsmitteltyp und Automatisierungsgrad eine Vielzahl sehr unterschiedlicher Lösungsmöglichkeiten anbieten, steht zur Automatisierung der Hilfsstoffzufuhr und Abfallabfuhr nur eine beschränkte Anzahl von Lösungsalternativen zur Auswahl. Bezüglich der Automatisierung der Hilfsstoffzufuhr sind dies die fünf in <u>Bild 21</u> dargestellten Lösungsprinzipien.

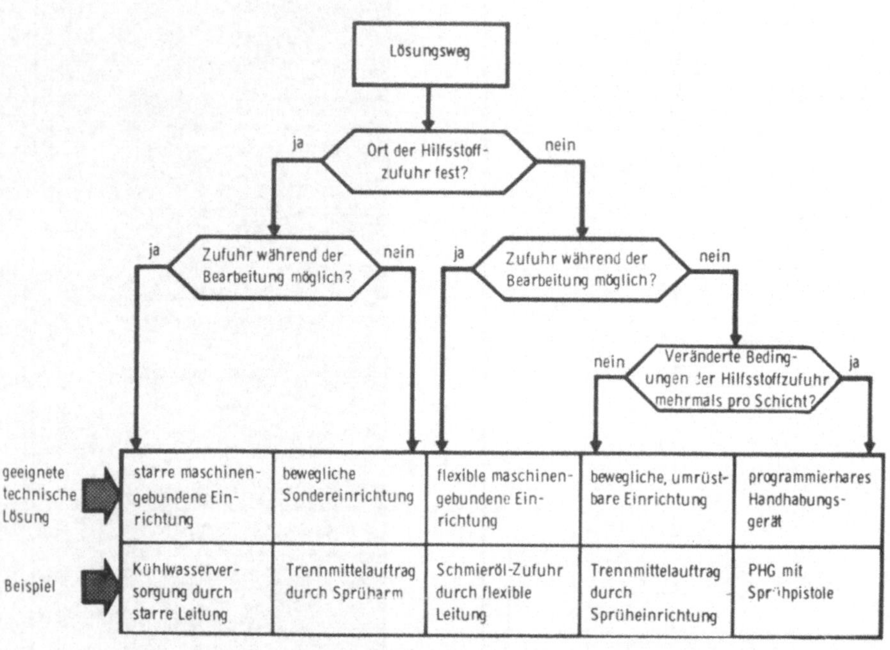

<u>Bild 21</u>: Maßnahmen zur nachträglichen Automatisierung der Hilfsstoffzufuhr

Bei der Automatisierung der Abfallabfuhr bereiten in der Regel
nur feste Stoffe Schwierigkeiten. Sie können grundsätzlich auf
die folgende Weise entfernt werden:

- mechanisch,
- durch Magnetkraft,
- durch Ausblasen,
- durch Absaugen,
- durch Ausschwemmen,
- mittels Schwerkraft.

Für die nachträgliche Installation an bereits in der Fertigung
eingesetzten Maschinen kommen im allgemeinen nur die vier zuerst genannten Möglichkeiten infrage. Die beiden letzten müssen bereits bei der Maschinenkonzeption berücksichtigt werden /31/.
In Bild 22 sind die nachträglich zu realisierenden Lösungen
weiter unterteilt worden und es wird eine geeignete Vorgehensweise zu deren Auswahl vorgestellt.

Von besonderem Interesse für die weitere Einsatzplanung ist
die Frage, ob das PHG zur Hilfsstoffzufuhr oder Abfallabfuhr
eingesetzt werden soll. Auf diese Frage geben gleichfalls die
Bilder 21 und 22 Auskunft. Hierbei ist zu beachten, daß bei
einer Entscheidung zwischen mehreren technischen Lösungen das
PHG nur dann gewählt werden sollte, wenn die Bedingungen an
dem gegebenen Arbeitsplatz häufig wechseln oder das PHG mit
der Ausführung der Werkstückhandhabungsfunktionen nicht ausgelastet ist.

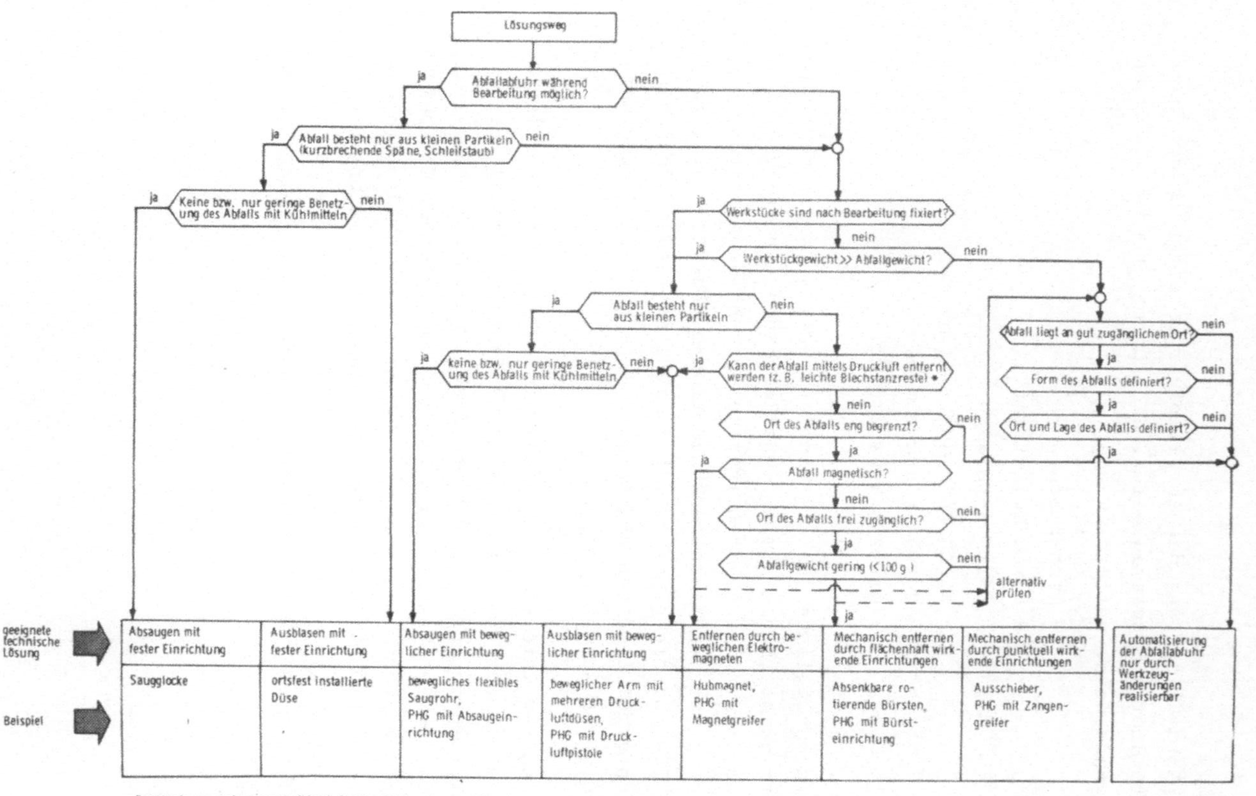

<u>Bild 22</u>: Maßnahmen zur nachträglichen Automatisierung der Abfallabfuhr

5.2.2 Auswahl geeigneter käuflicher PHG

Wie im Kap. 3.2 gezeigt wurde, muß die Auswahl geeigneter PHG
in zwei Stufen erfolgen. Eine Vorauswahl ist vor der Planung der
Maschinenaufstellung anhand der "layoutunabhängigen" Anforderungen vorzunehmen. Die endgültige Auswahl ist nach Abschluß der
Planung der Maschinenaufstellung zu treffen.

Aufgrund der bisherigen Arbeitsschritte liegen die mittels eines
PHG zu automatisierenden Werkstückhandhabungsfunktionen sowie die
eventuell auszuführenden Nebenfunktionen (Hilfsstoffzufuhr, Abfallabfuhr) fest. Ausgehend von diesen Ergebnissen sowie den in
der Arbeitsplatzanalyse erfaßten Daten können die layoutunabhängigen Anforderungen formuliert werden. Dies sind im wesentlichen Anforderungen, die sich auf nicht geometrische Gerätegrös-
sen, wie die Traglast, die Art des Antriebes, der Steuerung oder
der Programmierung beziehen. Sie können jedoch auch Forderungen
an geometrische Größen beinhalten, sofern diese aus den gegebenen
Werkzeug- oder Maschineneigenschaften resultieren und damit von
Änderungen der Maschinenaufstellung unbeeinflußt bleiben.

Die layoutunabhängigen Anforderungen werden zusammen mit be-
triebsspezifischen Wunschvorstellungen hinsichtlich der Geräte-
ausführung in einem Pflichtenheft zusammengefaßt. Der Umfang des
Pflichtenheftes hängt dabei wesentlich von der gegebenen Aufgabenstellung ab. Maximal kann es 8o verschiedene Positionen umfassen. Diese Anzahl von Merkmalsausprägungen wurde von SCHRAFT
/12/ ermittelt, um alle charakteristischen Eigenschaften eines
PHG's zu beschreiben.

Zur Spezifizierung des Pflichtenheftes wird wiederum der interaktive, graphische Bildschirm eingesetzt. Auf dem Bildschirm
wird die Gerätemerkmalsliste abschnittsweise dargestellt. Zusätzlich werden zu den Maßnahmen, die aufgrund der gegebenen Arbeits-
platzeigenschaften bestimmt werden können, die entsprechenden Be-
rechnungsformeln und erfaßten Arbeitsplatzdaten ausgegeben. Anhand dieser Informationen wählt der Bearbeiter die näher zu spezifizierenden Merkmale aus und formuliert die entsprechenden Anforderungen. Hierzu gibt er bei den quantifizierbaren Merkmalen

die einzuhaltenden Grenzwerte; bei den qualitativen Merkmalen
die zulässigen Merkmalsausprägungen vor. Die über die alphanumerische Tastatur eingegebenen Daten erscheinen unmittelbar
auf dem Bildschirm und können somit sofort auf ihre Richtigkeit geprüft werden.

Die Auswahl geeigneter PHG aufgrund der Anforderungen des
Pflichtenheftes geschieht rechnerintern. Hierzu wurden von
sämtlichen auf dem europäischen Markt angebotenen PHG die im
Pflichtenheft zu spezifizierenden Merkmale erfaßt und abgespeichert. Als Grundlage für die Einrichtung dieser Datei diente
ein von WARNECKE/SCHRAFT erarbeiteter Katalog käuflicher PHG /13/.
Die Geräteauswahl ist mittels einfacher logischer Abfragen möglich. Sie wäre jedoch bei manueller Vorgehensweise aufgrund der
großen Typenvielfalt käuflicher PHG - 116 Geräte werden gegenwärtig in Europa angeboten - sehr zeitaufwendig.

Die gefundenen Gerätelösungen werden unter Angabe von Typ, Her-
stellername und Art der Kinematik auf dem Bildschirm aufgelistet. Auf Wunsch kann der Bearbeiter weitere Informationen
über diese Geräte von den Files abrufen. Hierzu muß er die betreffenden Typennamen in der Lösungsliste mit dem Lichtgriffel
anpicken. Ein Beispiel für die rechnerunterstützte Auswahl von
PHG am Bildschirm ist in <u>Bild 23</u> dargestellt.

5.2.3 Rechnerunterstützte Auswahl der Ordnungseinrichtungen

Im nächsten Planungsschritt gilt es die peripheren Einrichtungen
auszuwählen, die neben dem PHG zur Automatisierung der Handhabung
erforderlich sind und nicht direkt von der Gestaltung des Layouts
abhängen (vergl. Kap. 3.2). Hierbei kommt - wie eingangs erwähnt -
der Auswahl der Ordnungseinrichtung eine besondere Bedeutung zu.

Aus diesem Grunde wurde in Analogie zu der PHG-Auswahl eine Datei käuflicher Ordnungseinrichtungen aufgebaut und ein entsprechendes Auswertungsprogramm entwickelt. Grundlage für die
Datenerfassung bildete dabei der in /16/ erarbeitete Katalog käuflicher Zubringeeinrichtungen.

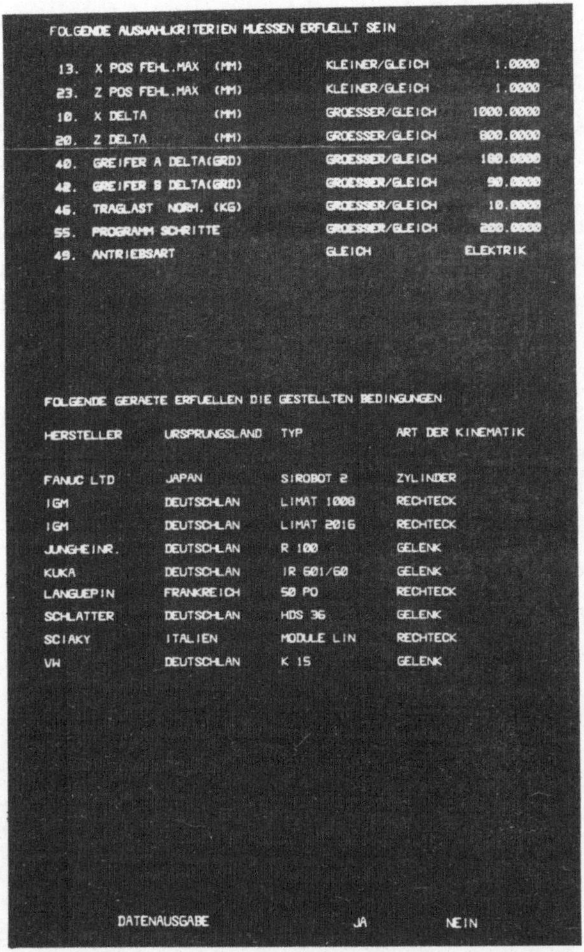

FOLGENDE AUSWAHLKRITERIEN MUESSEN ERFUELLT SEIN

13.	X POS FEHL.MAX (MM)	KLEINER/GLEICH	1.0000
23.	Z POS FEHL.MAX (MM)	KLEINER/GLEICH	1.0000
10.	X DELTA (MM)	GROESSER/GLEICH	1000.0000
20.	Z DELTA (MM)	GROESSER/GLEICH	800.0000
40.	GREIFER A DELTA(GRD)	GROESSER/GLEICH	180.0000
42.	GREIFER B DELTA(GRD)	GROESSER/GLEICH	90.0000
46.	TRAGLAST NORM. (KG)	GROESSER/GLEICH	10.0000
55.	PROGRAMM SCHRITTE	GROESSER/GLEICH	200.0000
49.	ANTRIEBSART	GLEICH	ELEKTRIK

FOLGENDE GERAETE ERFUELLEN DIE GESTELLTEN BEDINGUNGEN

HERSTELLER	URSPRUNGSLAND	TYP	ART DER KINEMATIK
FANUC LTD	JAPAN	SIROBOT 2	ZYLINDER
IGM	DEUTSCHLAN	LIMAT 1008	RECHTECK
IGM	DEUTSCHLAN	LIMAT 2016	RECHTECK
JUNGHEINR.	DEUTSCHLAN	R 100	GELENK
KUKA	DEUTSCHLAN	IR 601/60	GELENK
LANGUEPIN	FRANKREICH	50 PO	RECHTECK
SCHLATTER	DEUTSCHLAN	HDS 36	GELENK
SCIAKY	ITALIEN	MODULE LIN	RECHTECK
VW	DEUTSCHLAN	K 15	GELENK

DATENAUSGABE JA NEIN

Bild 23: Ergebnis der rechnerunterstützten Auswahl von programmierbaren Handhabungsgeräten

6 Layoutplanung

6.1 Lösungsmethode

Die endgültige Auswahl geeigneter PHG sowie die vollständige
Bestimmung der Geräteperipherie kann erst in Verbindung mit
der Layoutplanung erfolgen. Ziel der Layoutplanung ist es, in
bezug auf die ausgewählten Handhabungsgeräte die jeweils optimale Anordnung der Arbeitsplatzelemente zu finden. Dieses Ziel
ist in zwei Teilschritten zu erreichen: Einerseits ist die für
den gegebenen Fall optimale Maschinenaufstellung zu bestimmen;
andererseits muß die optimale Einbaulage für das Handhabungsgerät ausgewählt werden.

Als Optimierungskriterien sind bei der vorliegenden Aufgabe
die folgenden Zielgrößen heranzuziehen:

- die Ausbringung,
- die Sicherheit,
- die Zugänglichkeit,
- der Platzbedarf und
- der Installationsaufwand.

Da sich einzelne dieser Ziele widersprechen - beispielsweise
wird mit einer Verringerung des Platzbedarfs im allgemeinen
die Zugänglichkeit zu den Fertigungsmitteln schlechter - und
sich zudem einzelne der angestrebten Ziele einer objektiven
Bewertung entziehen (Zugänglichkeit, Sicherheit), ist es nicht
möglich, eine allgemein gültige Vorgehensweise zu finden, die
zwangsläufig zu dem optimal geeigneten Layout führt. Eine optimale Lösung kann im gegebenen Fall nur erzielt werden, indem alternative Gestaltungsmöglichkeiten entworfen und miteinander verglichen werden.

6.2 Beschreibung der zu behandelnden Einzelaufgaben

6.2.1 Festlegung der Anzahl benötigter PHG

Die Anzahl der PHG, die für die Automatisierung eines gegebenen
Arbeitsplatzes erforderlich ist, ergibt sich maßgebend aus

- der Zugänglichkeit zu den Fertigungsmitteln,
- der Entfernung zwischen den anzufahrenden Positionen sowie
- der erzielbaren Ausbringungsrate.

Da diese Größen wesentlich von der Gestaltung der Maschinenaufstellung abhängen, ist die Bestimmung der erforderlichen Geräteanzahl nur in Verbindung mit der Layoutplanung möglich. Hierbei muß das Ergebnis in einem Iterationsprozeß gewonnen werden. Vor der Layoutplanung ist anhand des auszuführenden Funktionsumfanges und der geometrischen Gegebenheiten der zu bedienenden Fertigungsmittel (Abstände zwischen den anzufahrenden Positionen, Lage der Ein- und Ausgabekanäle) eine Annahme hinsichtlich der minimal erforderlichen Geräteanzahl zu treffen. Die getroffene Annahme muß dann im Verlauf der Layoutplanung auf ihre Richtigkeit geprüft werden.

Eine Erhöhung der ursprünglich angenommenen Geräteanzahl ist dann erforderlich, wenn keine Maschinenaufstellung gefunden werden kann, bei der sämtliche anzufahrenden Positionen im Arbeitsraum der eingesetzten PHG liegen oder die berechnete Ausbringungsrate den gestellten Anforderungen nicht genügt. Umgekehrt muß bei einem wesentlichen Überschreiten der erforderlichen Ausbringungsrate bzw. bei einem schlechten Nutzungsgrad der eingesetzten Handhabungsgeräte die Möglichkeit einer Verringerung der Geräteanzahl geprüft werden.

Falls die Notwendigkeit besteht, mehrere Handhabungsgeräte zur Bedienung des Arbeitsplatzes einzusetzen, so ergibt sich als ein wichtiges zusätzliches Problem, die Abstimmung von Umfang und Reihenfolge der von den Einzelgeräten auszuführenden Teilfunktionen. Auch in diesem Fall kann ein optimales Ergebnis nur in einem Iterationsprozeß erzielt werden.

6.2.2 Planung der Maschinenaufstellung

Die Planung der Maschinenaufstellung hängt in erster Linie von dem Arbeitsraum und dem Platzbedarf des eingesetzten Handhabungsgerätes ab. Sie wird daher separat für jedes aufgrund der Vorauswahl zur Verfügung stehende Gerät durchgeführt.

Das Ziel der Planung besteht dabei darin, die Maschinenaufstellung zu finden, die im Hinblick auf die Kinematik des eingesetzten Handhabungsgerätes möglichst wenige Bewegungsachsen und kurze Verfahrwege beansprucht.

Diese Anforderungen werden für Handhabungsgeräte mit zylindrischem oder sphärischem Arbeitsraum durch die radiale Anordnung der Fertigungsmittel auf einem oder mehreren konzentrischen Kreisen am besten erfüllt. Für Handhabungsgeräte mit kartesischem Arbeitsraum erweist sich hingegen in diesem Falle die parallele Anordnung der Fertigungsmittel in einer Linie als die günstigste Lösung. Diese Anordnung bietet sich auch beim Einsatz eines verfahrbaren Handhabungsgerätes an. Eine solche Lösung ist dann in Erwägung zu ziehen, wenn ein ortsfestes PHG nicht sämtliche Fertigungsmittel bedienen kann und die Handhabungsabläufe im Vergleich zu den Bearbeitungsvorgängen relativ geringe Zeit beanspruchen (z.B. NC-Maschinenbedienung). Anstelle der Aufstellung in einer Linie empfiehlt sich bei der Verwendung eines verfahrbaren Gerätes noch die Aufstellung der Fertigungsmittel in zwei parallelen Linien. Bei dieser Lösung wird ein Teil der Verfahrbewegung des Gesamtgerätes durch eine im Hinblick auf die Beschleunigungs- und Verzögerungszeit günstigere Schwenkbewegung um die B- bzw. C-Achse ersetzt. Hierdurch kann oftmals eine im Vergleich zu der Aufstellung "in Linie" kürzere Taktzeit erreicht werden.

Der Realisierung dieser wie auch der anderen handhabungstechnisch günstigen Lösungen sind jedoch in der Praxis enge Grenzen gesetzt. Oft scheitert sie an gebäudespezifischen Gegebenheiten wie dem maximal zur Verfügung stehenden Raumangebot, der Lage der Verkehrswege oder der zulässigen Boden- bzw. Deckentragfähigkeit. Weiterhin verhindern häufig fertigungsmittelspezifische Eigenschaften und Anforderungen wie

- die Lage der Ver- und Entsorgungspunkte,
- erforderliche Freiräume für Umrüst- und
  Wartungsarbeiten sowie
- bestehende Maschinenfundamente

eine entsprechende Maschinenaufstellung.

In den vorgenannten Fällen müssen andersartige, arbeitsplatz-
spezifische Lösungen entwickelt werden. Hierbei sind entsprechend der oben angeführten Planungsziele die folgenden Grund-
sätze zu berücksichtigen:

- Die Fertigungsmittel sollten so ausgerichtet wer-
  den, daß zu ihrer Be- und Entladung möglichst keine
  Bewegungen der Handachsen des PHG erforderlich sind
  (Zusammenlegen der Achsrichtungen des PHG mit den
  Ein-. und Ausgaberichtungen).
- Die anzufahrenden Positionen sollten so zueinander
  angeordnet werden, daß sie in direkter Folge von dem
  Handhabungsgerät angefahren werden können (Minimierung
  der Anzahl anzufahrender Zwischenpunkte).
- Die Abstände zwischen den im Arbeitszyklus nachein-
  ander zu bedienenden Fertigungsmittel sind zu mini-
  mieren.

6.2.3 Festlegung der Einbaulage des PHG

Bei der Bestimmung der Einbaulage des PHG stellt sich die Aufgabe zwischen

- einer Auf-Flur-Installation,
- einer Über-Kopf-Installation und
- dem Anbau an ein Fertigungsmittel

zu wählen.

Ein prinzipieller Vergleich der Vor- und Nachteile dieser Installationsmöglichkeiten ist in __Bild 24__ dargestellt. Weiterhin sind
dort die grundlegenden Voraussetzungen angeführt, die für die
Verwirklichung dieser Lösungen erfüllt sein müssen. Aus der Zusammenstellung wird deutlich, daß der Anbau an ein Fertigungsmittel nur in Ausnahmefällen möglich ist. So schränkt diese Lösung die Bewegungsmöglichkeit des Handhabungsgerätes sehr ein
und ist daher in der Regel nur bei einer Einmaschinenbedienung
einsetzbar. Zudem kann sie nur bei Geräten geringer Baugröße
realisiert werden, da sonst die vom PHG auf das Maschinengestell
übertragenen statischen und dynamischen Belastungen unzulässig

groß würden. Im Gegensatz zu dem Anbau an ein Fertigungsmittel müssen die Auf-Flur- und Über-Kopf-Installation als gleichwertige Lösungen betrachtet werden. Welche dieser Einbaulagen hinsichtlich eines konkreten Einzelfalles am besten geeignet ist, läßt sich nicht pauschal beantworten, sondern kann nur durch den Entwurf und die Bewertung alternativer Layoutlösungen entschieden werden.

	AUF - FLUR - INSTALLATION	ÜBER - KOPF - INSTALLATION	INSTALLATION AM FERTIGUNGSMITTEL
VORAUSSETZUNGEN	● ausreichendes Raumangebot vor bzw. neben den Fertigungsmitteln ● keine vertikalen Ein- und Ausgabekanäle der Fertigungsmittel ● ausreichende Bodenbelastbarkeit	● ausreichendes Raumangebot über den Fertigungsmitteln (keine Kräne, Absaugvorrichtungen usw.) ● Handhabungsgerät ist für Über-Kopf - Installation geeignet ● ausreichende Decken-, Wand-, bzw. Stützenbelastbarkeit	● ausreichende Tragfähigkeit des Maschinengestells ● geringes Gewicht des Handhabungsgerätes ● nur geringfügige Kräfteübertragung zwischen Handhabungsgerät und Fertigungsmittel
VORTEILE	● einfache Realisierung möglich ● niedrige Installationskosten ● einfache Wartung und Reparatur des Handhabungsgerätes	● gute Zugänglichkeit zu den Fertigungsmitteln ● manueller Betrieb bei Ausfall des Handhabungsgerätes möglich ● Absicherung des Ein- und Ausgabekanäle der Fertigungsmittel ausreichend	● geringer Platzbedarf ● kleine, kostengünstige Handhabungsgeräte einsetzbar ● Absicherung des Arbeitsraumes des Handhabungsgerätes mit geringem Aufwand möglich
NACHTEILE	● Zugänglichkeit zu den Fertigungsmitteln eingeschränkt ● manueller Betrieb bei Ausfall des Handhabungsgerätes nur bedingt möglich ● Abschrankung des gesamten Arbeitsraumes des Handhabungs- durch Sicherheitszäune erforderlich	● Realisierung erfordert Spezialportale ● hohe Installationskosten ● erschwerte Reparatur und Wartung des Handhabungsgerätes	● Zugänglichkeit zum Fertigungsmittel eingeschränkt ● manueller Betrieb bei Ausfall des Handhabungsgerätes schlecht möglich ● kleiner Arbeitsbereich des Handhabungsgerätes ● bei Wartung und Reparatur des Handhabungsgerätes muß das Fertigungsmittel stillgelegt werden

__Bild 24__: Vergleich alternativer Installationsmöglichkeiten
eines Handhabungsgerätes

6.2.4 Bestimmung des optimalen Verfahrweges für das Handhabungsgerät

Entscheidend für die Beurteilung einer entworfenen Layoutlösung ist die zu erreichende Ausbringungsrate. Voraussetzung für ihre

Berechnung ist die Bestimmung des optimalen Verfahrweges, d.h.
desjenigen Verfahrweges, der eine zeitminimale Bedienung der
Fertigungsmittel ermöglicht. Dieser hängt im wesentlichen von
den folgenden Einflußgrößen ab:

- den geometrischen Gegebenheiten,
- der Kinematik des eingesetzten PHG,
- den Verfahrgeschwindigkeiten in den einzelnen Achsen,
- der gegebenen Bedienfolge,
- der Greiferausführung (Einfach-, Doppelgreifer).

Während die zuerst genannten Größen aufgrund der zuvor behandel-
ten Planungsschritte festliegen, ist die Art der Greiferausführung in diesem Planungsstadium noch unbestimmt.

Die Einfachgreiferausführung stellt die technisch einfachere Lösung dar. Demgegenüber bietet der Doppelgreifereinsatz aufgrund
der Möglichkeit des direkten Werkstückwechsels Vorzüge hinsichtlich der erreichbaren Taktzeit. Um zu entscheiden, welche dieser
Lösungen im gegebenen Fall gewählt werden sollte, sind die folgenden Kriterien zu untersuchen:

- Zugänglichkeit zu den Fertigungsmitteln (Freiraum senkrecht
  zur Eingaberichtung und an der anzufahrenden Position)
- Leistungsfähigkeit des PHG (Tragfähigkeit, vorhandene Handachsen),
- Lage der Werkstücke vor und nach der Bearbeitung
  (identisch, räumlich getrennt),
- erforderliche Gesamttaktzeit.

Falls sich bei einer Überprüfung der drei zuerst angeführten Kriterien keine Beschränkungen für eine Doppelgreiferausführung ergeben, so muß für beide Lösungsmöglichkeiten der jeweils optimal
geeignete Verfahrweg ermittelt und über einen Vergleich der erzielbaren Taktzeiten eine definitive Entscheidung für eine der
Lösungen herbeigeführt werden. Die Ermittlung des optimalen Verfahrweges setzt dabei den Vergleich verschiedener Verfahralternativen voraus. So muß beispielsweise bei dem in Bild 25 dargestellten Fall geprüft werden, ob ein Schwenken des PHG-Armes über
das in der Verfahrbahn liegende Hindernis (Spindelkopf) günstiger

ist als ein Vorbeischwenken mit zurückgefahrenem Arm.

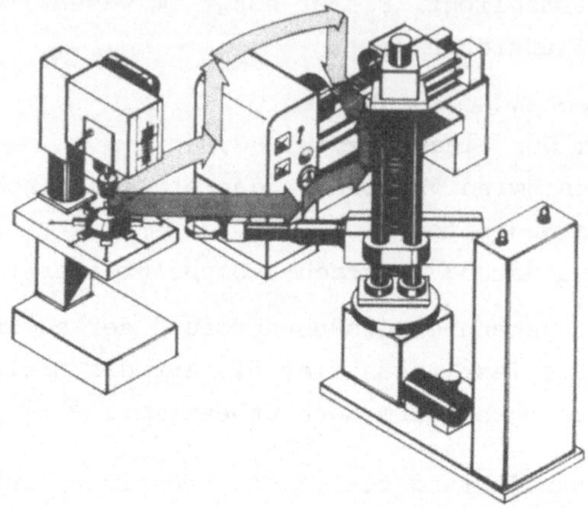

Bild 25: Alternative Verfahrmöglichkeiten eines Handhabungsgerätes bei der Maschinenbeschickung

6.3 Realisiertes Layoutplanungsprogramm

6.3.1 Eigenschaften des Rechnerprogrammes

Bei der Durchführung der Layoutplanung bietet ein graphisches,
interaktives Arbeiten besondere Vorteile. Dieses ermöglicht, die
gegebenen geometrischen Zusammenhänge auf einen Blick zu erfassen, in kürzester Zeit Änderungen am Layout vorzunehmen und ständig die Auswirkungen der vorgenommenen Eingriffe auf die Kenngrößen des Gesamtsystems zu kontrollieren.

Ein entsprechendes interaktives Rechnerprogramm zur Layoutplanung wurde entwickelt. Das Programm wurde so ausgelegt, daß
mit seiner Hilfe in bezug auf die angeführten Teilaufgaben sämtliche wesentlichen Planungsalternativen ausgetestet werden können.

Einen Überblick über die charakteristischen Eigenschaften des
realisierten Rechnerprogrammes PLAGAW (Programm zur Layoutgestaltung bei der Automatisierung der Werkstückhandhabung) wird
in Bild 26 gegeben.

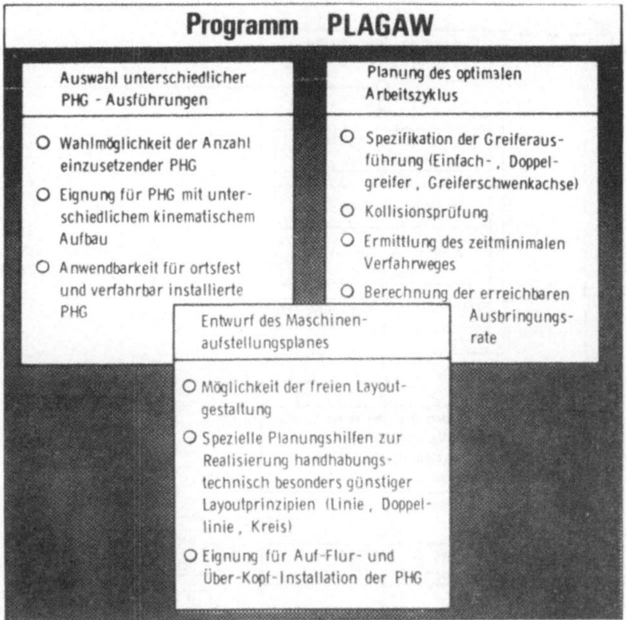

<u>Bild 26</u>: Charakteristische Eigenschaften des Layoutplanungsprogrammes

6.3.2 Aufbau des Rechnerprogrammes

In <u>Bild 27</u> ist die Grobstruktur des Layoutplanungsprogrammes dargestellt.

Das Programm wurde so aufgebaut, daß die einzelnen Planungskomponenten nach Möglichkeit in Programmblöcke zusammengefaßt sind. Dadurch wird eine erhöhte Transparenz des gesamten Programmablaufes sichergestellt. Zudem können bei dieser Struktur relativ einfach weitere Programmteile eingefügt werden. Dies wäre beispielsweise dann notwendig, wenn zur Planung eines gegebenen Einsatzfalles spezielle Planungshilfen erforderlich sind.

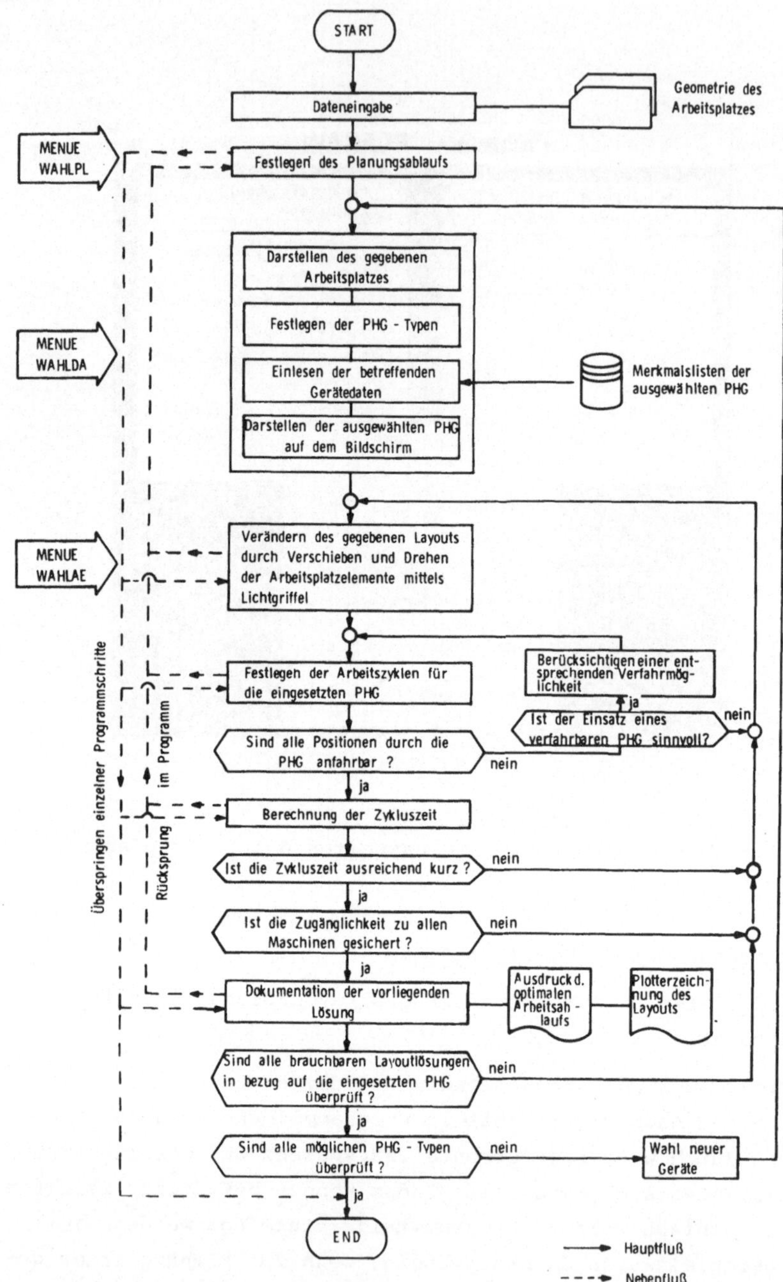

Bild 27: Vorgehensweise der interaktiven Layoutplanung

Zu Beginn des Programmablaufes werden die Datensätze zur Beschreibung der geometrischen Gegebenheiten des Arbeitsplatzes und des auszuführenden Arbeitszyklusses in Lochkartenform eingelesen. Von diesen Daten werden die speicherplatzintensiven, fertigungsmittelbezogenen Daten auf Files des externen Plattenspeichers geschrieben, die übrigen Daten in einem im Rechenspeicher festgelegten Werte-Block (COMMON-Block) gespeichert.

Der weitere Programmablauf wird über das auf dem Bildschirm dargestellte Menue WAHLPL gesteuert. Durch Anpicken der Textelemente dieses Menues kann der Planer die weiteren Planungsschritte auswählen. Nach Beendigung der jeweiligen Planung erscheint das Menue erneut auf dem Bildschirm.

Die Planungsübersicht bietet die folgenden Programmfortsetzungsmöglichkeiten:

- DARSTELLUNG
- LOESCHEN DARSTELLUNG
- AENDERN DARSTELLUNG
- FESTLEGUNG DER ANZUFAHRENDEN POSITIONEN
- VERFAHRBEWEGUNG VORSEHEN
- PLANUNG ZWISCHENPUNKTE
- TAKTZEITBERECHNUNG MIT ARBEITSABLAUF
- DATENAUSGABE
- PROGRAMMANFANG
- PROGRAMMENDE

Beim Anpicken der ersten Alternative erscheint das Menuefeld WAHLDA. Dieses ermöglicht die Darstellung der einzelnen Planungskomponenten (Fertigungsmittel, bauliche Gegebenheiten, PHG) auf dem Bildschirm. Ein Löschen der Planungskomponenten ist über die Textzeile "LOESCHEN DARSTELLUNG" möglich. Über "AENDERN DARSTELLUNG" wird dem Planer die Möglichkeit geboten, mittels Lichtgriffel die einzelnen Arbeitsplatzelemente und PHG zu verschieben und zu drehen.

Die Programmalternative "FESTLEGUNG DER ANZUFAHRENDEN POSITIONEN" ist dann von Bedeutung, wenn mehrere PHG zur Bedienung des Arbeitsplatzes eingesetzt werden. In diesem Fall müssen den

Einzelgeräten die jeweils zu bedienenden Positionen vom Planer zugeordnet werden. Eine entsprechende Aufforderung erscheint auf dem Bildschirm. Die nächste Textzeile "VERFAHRBEWEGUNG BERUECKSICHTIGEN" bietet die Möglichkeit bei der Planung ein verfahrbares Handhabungsgerät vorzusehen. Die Alternative "PLANUNG ZWISCHENPUNKTE" dient zur Integration von Wartepositionen oder greiferfunktionsspezifischen Positionen in den Arbeitszyklus des PHG.

Die Wahl der Alternative "TAKTZEITBERECHNUNG" kommt in Betracht, wenn eine bestimmte Layoutlösung fertig entworfen ist. In diesem Fall erfolgt zunächst eine Überprüfung, ob alle anzufahrenden Positionen im PHG-Arbeitsraum liegen und ein kollisionsfreies Verfahren von Position zu Position möglich ist. Ist diese Überprüfung positiv ausgefallen, werden für die gegebene Aufstellung der optimale Verfahrweg für das PHG sowie die minimal erreichbare Taktzeit berechnet. Die Ergebnisse dieser Berechnungen können mittels der Konsolschreibmaschine dokumentiert werden. In diesem Fall muß die Textzeile "DATENAUSGABE" gewählt werden.

Durch die Aufrufe "PROGRAMMENDE" und "PROGRAMMANFANG" kann schließlich der Planungsprozeß abgebrochen bzw. mit der ursprünglich gegebenen Maschinenaufstellung neu begonnen werden.

Die wichtigsten der genannten Programmkomponenten werden nachfolgend näher erläutert.

6.3.3 Darstellung der Programmkomponenten

6.3.3.1 Dateneingabe

Während die Merkmalslisten der für den Einsatz in Frage kommenden PHG auf Magnetplattenfiles abgespeichert sind, müssen die Daten zur Beschreibung der geometrischen Gegebenheiten des Arbeitsplatzes und der auszuführenden Handhabungsaufgabe über Lochkarten eingegeben werden. Der entsprechende Datensatz ist in vier Blöcke gegliedert:

- Steuerdaten,
- fertigungsmittelbezogene Daten,
- Daten zur Beschreibung der geometrischen Randbedingungen und
- arbeitsablaufspezifische Daten.

Über die Steuerdaten wird die Anzahl und der Umfang der einzu-
lesenden Datenfelder festgelegt. Aufgrund dieser Daten wird der
Einlesevorgang sowie der weitere Programmablauf organisiert.

Zur Darstellung der Fertigungsmittel werden die Koordinatenwerte
ihrer Eckpunkte (vergl. Kap. 4.1) eingelesen. Hierbei werden für
den Fall, daß sich ein Fertigungsmittel aus einzelnen Komponenten
unterschiedlicher Bauhöhe zusammensetzt (z.B. Grundmaschine mit
Steuerschrank), entsprechend mehrere getrennte Datensätze eingegeben..

Die geometrischen Randbedingungen werden durch die Hallengeo-
metrie, vorhandene Sperrflächen (z.B. Treppen) und feste, nicht
verlegbare Transportwege bestimmt. Die Beschreibung der Hallen-
geometrie geschieht ebenfalls über die Koordinaten der Eckpunkte
der äußeren Konturlinie. Die Transport- und Sperrflächen werden
stets durch Quader angenähert und durch Eingabe der zugehörigen
Kantenlängen und der Koordinatenwerte eines Bezugspunktes spezifiziert. Zur Beschreibung des Handhabungsablaufes werden die
Koordinatenwerte der anzufahrenden Positionen entsprechend ihrer
Reihenfolge im Arbeitszyklus eingelesen. Zusätzlich werden zur
Kennzeichnung der Orientierung der Werkstücke in den einzelnen
Positionen jeweils die Winkel eingegeben, die die U', V', W'-
Achsen des werkstückbezogenen Koordinatensystems gegenüber ei-
ner festen Maschinenbezugskante bilden.

Eine Schwierigkeit ergibt sich bei der Formulierung der Datensätze falls keine starre Bedienfolge aufgrund der Aufgabenstellung vorgegeben ist, beispielsweise bei der losen Verkettung
von Fertigungsmitteln oder der Bedienung mehrerer voneinander
unabhängig arbeitender Fertigungsmittel. In diesen Fällen muß
der Planer von einer fiktiven Bedienfolge ausgehen und für diese
die Layoutoptimierung durchführen. Anschließend ist für den Ar-

beitsplatz in der entworfenen Maschinenaufstellung eine Simulation der Bedienvorgänge vorzunehmen und anhand der gewonnenen Ergebnisse die ursprünglich getroffene Annahme auf ihre Richtigkeit zu überprüfen. Die fiktive Bedienfolge ist dabei so zu wählen, daß sie die unterschiedlichen Bedienvorgänge entsprechend ihrer Vorkommenshäufigkeit repräsentiert. Zu ihrer Berechnung kann in erster Näherung davon ausgegangen werden, daß sich die Häufigkeit der Bedienung einer Maschine i des gegebenen Arbeitsplatzes proportional zu der Wahrscheinlichkeit P_i verhält, mit der eine Forderung an dieser Maschine auftritt. P_i ergibt sich dabei zu:

$$P_i = \frac{\lambda_i}{\lambda_{Ges}} \tag{1}$$

wobei λ_i die Forderungsrate der Maschine i angibt ($\lambda_i = \frac{1}{t_{h_i}}$; t_{h_i} : Maschinenhauptzeit) und λ_{GES} der Gesamtforderungsrate im System entspricht.

$$\lambda_{GES} = \sum_{j=1}^{n} \lambda_j \quad \text{n: Anzahl der Maschinen im System}$$

Durch Verknüpfung der Bedienwahrscheinlichkeiten zweier Maschinen i und j des Arbeitsplatzes erhält man die Wahrscheinlichkeit mit der die beiden Maschinen im Rahmen eines Arbeitszyklusses nacheinander bedient werden; d.h. das Handhabungsgerät den Verfahrweg zwischen diesen Maschinen zurücklegen muß:

$$P_{ij} = P_i \cdot P_j \tag{2}$$

Mit Hilfe der Glieder P_{ij} lassen sich die einzelnen im Rahmen der Maschinenbedienung möglichen Bewegungsschritte S_{ij} entsprechend ihrer relativen Häufigkeit gewichten. Es ergibt sich damit für die fiktive Bedienfolge B_F:

$$B_F = \sum_{i=1}^{n} \sum_{j=1}^{n} P_{ij} \cdot S_{ij} \;, \text{ wobei } S_{ij} = 0 \text{ für } j = i \tag{3}$$

Da $P_{ij} = P_{ji}$ und $S_{ij} = S_{ji}$ ergibt sich aus dieser Gleichung :

$$B_F = \sum_{i=1}^{n-1} \sum_{j=i+1}^{n} P_{ij} \cdot S_{ij} \qquad (4)$$

Ausgehend von Gleichung (4) kann ein qualitativer Vergleich verschiedener Layoutlösungen im Hinblick auf die erreichbare Ausbringung durchgeführt werden. Es müssen hierzu für die Bewegungsabschnitte S_{ij} die zugehörigen Verfahrzeiten des Handhabungsgerätes eingesetzt werden (vergl. Kap. 6.3.3.7).

Eine Aussage über die absolut erreichbare Ausbringungsrate und damit einen Vergleich zu dem manuellen Istzustand ermöglicht diese Gleichung jedoch nicht. Diese Ergebnisse können erst durch eine Simulation des Gesamtsystemverhaltens gewonnen werden. Ein entsprechendes Simulationsverfahren wird in Kap. 7 vorgestellt.

6.3.3.2 Bildschirmdarstellung

Die Arbeitsplatzelemente können vom Planer einzeln aufgerufen und gelöscht werden. Damit kann die Bildschirmdarstellung stets auf die Elemente beschränkt bleiben, die für den jeweiligen Planungsschritt erforderlich sind, wodurch eine hohe Übersichtlichkeit des Bildes selbst bei komplexen Arbeitsplätzen gewährleistet ist.

Zur Darstellung der Bildkomponenten wurden separate Unterprogramme erstellt. Ihr Aufruf geschieht durch Anpicken der folgenden, im Menuefeld WAHLDA aufgeführten Textelemente:

- FERTIGUNGSMITTEL
- PHG
- RANDBEDINGUNGEN
- PHG VERFAHRLINIE
- HILFSLINIE
- HILFSKREIS
- KEINE WEITERE

Die Fertigungsmittel werden zu Beginn der Planung in der ursprünglich gegebenen Maschinenaufstellung auf dem Bildschirm dargestellt. Um die Bildschirmfläche für die Layoutdarstellung optimal zu nutzen, wird die zur Verfügung stehende Planungsgrundfläche durch ein Rechteck umschrieben und dessen größte Kantenlänge zur Maßstabsfaktorberechnung herangezogen. Mit den Konturen der Fertigungsmittel werden gleichzeitig die anzufahrenden Positionen und die Orientierung der Werkstücke in den einzelnen Positionen dargestellt. Hierzu erfolgt eine Umrechnung der eingelesenen maschinenbezogenen Daten in das raumfeste Koordinatensystem, dessen Ursprung im Zentrum der Bildschirmfläche liegt. <u>Bild 28</u> zeigt ein Beispiel für die graphische Darstellung eines Maschinenlayouts auf dem interaktiven Bildschirm.

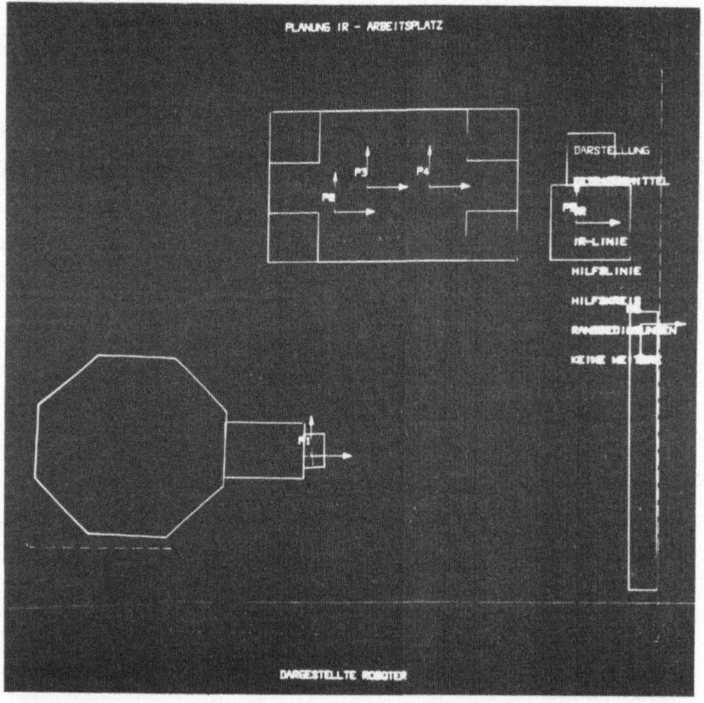

<u>Bild 28</u>: Darstellung des Layouts eines Schmiedearbeitsplatzes auf dem graphischen Bildschirm (v.l.n.r.: Drehherdofen, Schmiedepresse, Abgratpresse und Palettenförderband)

Wird die Darstellung der PHG mittels Lichtgriffel angewählt, so
wird das Menuefeld WAHLDA durch ein weiteres Menuefeld ersetzt,
welches dem Planer die Möglichkeit bietet, für jedes Gerät zwischen einer Auf-Flur- und Über-Kopf-Installation zu wählen. Entsprechend der gewählten Einbaulage werden anschließend die Geräte mit Grundfläche und Arbeitsraum dargestellt. Ist für die
Automatisierung des Arbeitsplatzes nur ein Gerät vorgesehen, so
wird dieses für den Fall, daß es sämtliche Fertigungsmittel in
der angegebenen Aufstellung bedienen kann, an demjenigen Standpunkt eingesetzt, der das Durchfahren des Arbeitszyklusses in
minimaler Taktzeit ermöglicht. Die entsprechende Taktzeit wird
dabei über die Konsolschreibmaschine ausgegeben. Die hierzu erforderlichen komplexen Berechnungsvorgänge werden rechnerintern
durchgeführt. Ist hingegen eine Automatisierung in der gegebenen
Maschinenaufstellung durch das Einzelgerät nicht möglich, so
wird es in der Bildschirmmitte eingesetzt. Beim Einsatz mehrerer
Handhabungsgeräte werden diese in gleichen Abständen zueinander
auf der U-Achse des raumfesten Koordinatensystems angeordnet.

6.3.3.3 Veränderung des Layouts

Der Entwurf alternativer Layoutvarianten wird durch das Menuefeld WAHLAE gesteuert. Dieses bietet die folgenden Programmfortsetzungsmöglichkeiten:

1. Veränderung der Maschinenaufstellung
2. Änderung der PHG-Aufstellung
3. Änderung der Planungshilfsmittel
   - PHG-Verfahrlinie
   - Hilfslinie
   - Hilfskreis

Im ersten Fall kann der Planer die einzelnen Fertigungsmittel
verschieben oder drehen, um sie so in eine im Hinblick auf den
Verfahrweg des PHG günstige Anordnung zu bringen. Die Auswahl
des zu bewegenden Bildelements geschieht durch "Anpicken" einer
beliebigen Konturlinie des Elementes mit dem Lichtgriffel.

Während eine Verschiebung direkt mittels Lichtgriffel durchgeführt wird - in diesem Fall folgt das Bildelement einem vom
Lichtgriffel bewegten Markierungszeichen (tracking cross) - geschieht die Drehung eines Fertigungsmittels über ein weiteres
Menuefeld, in dem Drehwinkel und Drehrichtung festgelegt werden.
Die Drehung wird dabei stets um die im Arbeitszyklus zuerst
anzufahrende Position des betreffenden Fertigungsmittels ausgeführt.

Wird die zweite Programmfortsetzungsmöglichkeit angewählt, so
kann in ähnlicher Weise wie es für die Fertigungsmittel beschrieben wurde, eine Verschiebung oder Drehung der auf dem Bildschirm
dargestellten PHG vorgenommen werden. Ergänzend dazu wird die
Möglichkeit angeboten, einzelne der dargestellten PHG durch
andere zur Auswahl stehende Geräte zu ersetzen.

Im Hinblick auf eine automatische Handhabung bietet die Aufstellung der Fertigungsmittel in Linie, Doppellinie und im Kreis
besondere Vorzüge (vergl. Kap. 6.2.2). Um diese Aufstellprin-
zipien zeitsparend auf dem Bildschirm realisieren zu können, werden dem Planer entsprechende Planungshilfsmittel angeboten.

Ihre Auswahl geschieht durch "Anpicken" der betreffenden Text-
zeilen "HILFSLINIE", "HILFSKREIS" im Menuefeld. Die Planungshilfsmittel werden daraufhin in der Bildschirmmitte dargestellt.
Sie können anschließend mittels weiterer Lichtgriffelfunktionen
verschoben, gedreht oder in den Abmessungen verändert werden.
Bild 29 zeigt für den in seiner ursprünglichen Gestalt in Bild 28
dargestellten Arbeitsplatz eine mittels der beschriebenen Planungshilfen entworfene kreisförmige Layoutlösung.

Eine Aufstellung der Fertigungsmittel in Linie und Doppellinie
ist im allgemeinen nur dann sinnvoll, wenn ein Handhabungsgerät
mit kartesischem Arbeitsraum oder ein verfahrbares Gerät installiert wird.
Zur Berücksichtigung einer Verfahrmöglichkeit ist in dem Menuefeld WAHLAE die Textzeile "PHG-VERFAHRLINIE" anzuwählen. In
diesem Fall erhält der Planer mittels zweier beliebig ver-

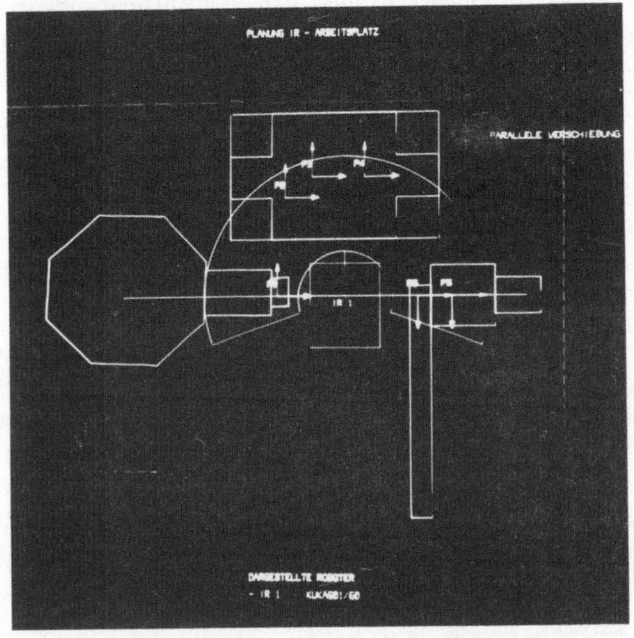

Bild 29: Darstellung einer kreisförmigen Maschinenanordnung
auf dem Bildschirm

schiebbarer Markierungszeichen die Möglichkeit, die seit-
liche Begrenzung der Verfahrlinie sowie ihre Orientierung im
Raum festzulegen. Falls mehrere Geräte zur Bedienung des gegebenen Arbeitsplatzes vorgesehen sind, ist anschließend aus
deren Menge das verfahrbare Gerät auszuwählen. Hierzu genügt
es, mittels Lichtgriffel eine beliebige Konturlinie des Gerätes zu berühren.

6.3.3.4 Planung der Standpunkte eines verfahrbaren PHG

Beim Einsatz eines nicht ortsfest installierten Handhabungsgerätes stellt sich die Aufteilung der Verfahrbewegungen des Gesamtgerätes als zusätzliche Aufgabe. Hierzu bieten sich zwei
Möglichkeiten an (<u>Bild 3o</u>):

1. Die Standpunkte der Geräte auf der Verfahrlinie werden
   so gelegt, daß keine zusätzliche C-Handachse zur Maschinenbedienung erforderlich ist.
2. Die Anzahl der Verfahrabschnitte wird minimiert, um zeitaufwendige Beschleunigungs- und Verzögerungsvorgänge zu
   vermeiden.

Zum Erreichen des ersten Zieles sind die PHG-Standpunkte so zu
wählen, daß sie exakt in der Verlängerung der werkstückbezogenen V'-Achse liegen. Eine entsprechende Bestimmung der Standpunkte wird rechnerintern durchgeführt. Für den Fall, daß sämtliche der so gewonnenen Standpunkte in dem durch die Verfahrlinie begrenzten Bereich liegen, werden diese durch geeignete
Symbole auf dem Bildschirm gekennzeichnet. Andernfalls wird
der Planer aufgefordert, die Lage der Verfahrlinie oder der
Fertigungsmittel zu ändern.

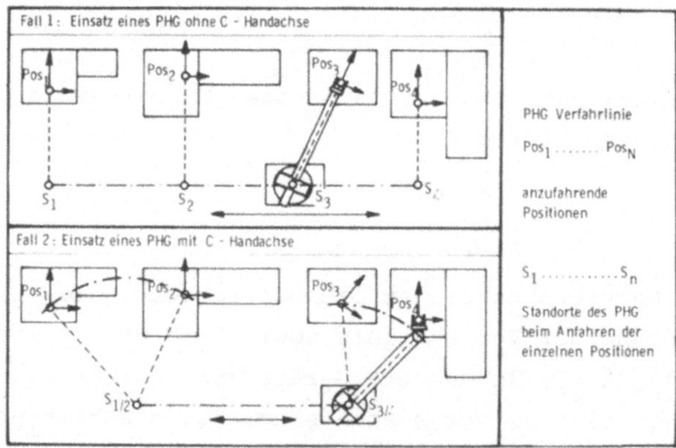

<u>Bild 3o</u>: Technisch vorteilhafte Lösungen zur Bedienung mehrerer
Fertigungsmittel durch ein PHG

Auch bei einer Minimierung der Verfahrabschnitte werden geeignete Hilfen vom Programm angeboten. In diesem Fall können
sukzessive für die einzelnen Positionen die Bereiche auf der
Verfahrlinie errechnet werden, von denen aus eine Bedienung
durch das PHG möglich ist. Hierzu werden um die einzelnen
Positionen Kreise mit dem Radius der maximal möglichen Geräte-
reichweite in X-Richtung geschlagen und die jeweiligen Schnitt-
punkte mit der Verfahrlinie bestimmt. Die innerhalb der Kreise
liegenden Abschnitte der Verfahrlinie stellen die gesuchten
Bereiche dar. Sie werden gestrichelt auf dem Bildschirm dargestellt (Bild 31). In ihrer Mitte wird der zugehörige Ge-
rätestandpunkt eingesetzt. Er kann anschließend durch den
Lichtgriffel beliebig verschoben werden, beispielsweise in der
Weise, daß er einen bereits festgelegten Standpunkt überdeckt.
Ergibt sich im Hinblick auf einen Standpunkt kein Schnittpunkt
zwischen Kreisbogen und Verfahrlinie, so erscheint die Aufforderung "ABSTAND ZWISCHEN POSITION N UND PHG-LINIE VER-
RINGERN" auf dem Bildschirm. In diesem Fall muß der Planer eine
Verschiebung der Verfahrlinie oder des betreffenden Fertigungs-
mittels vornehmen.

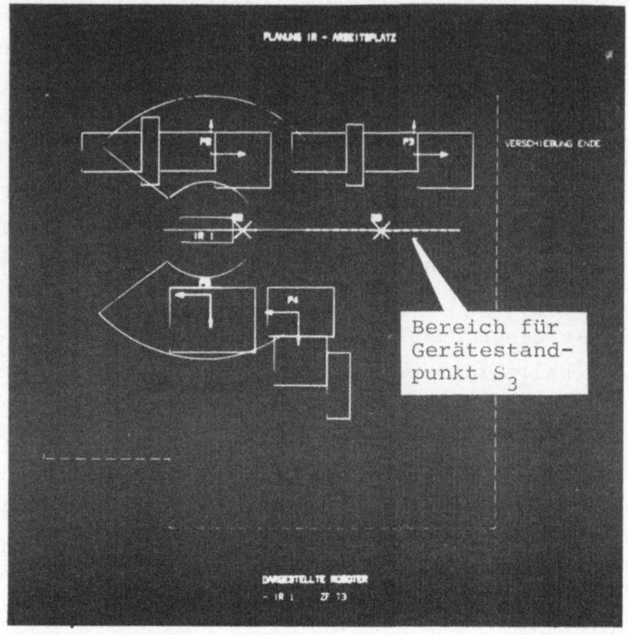

<u>Bild 31</u>: Darstellen der Bereiche für mögliche PHG-Standpunkte
auf dem Bildschirm

6.3.3.5 Festlegen des Handhabungsablaufes

Die im Rahmen eines Arbeitszyklusses vom Handhabungsgerät anzufahrenden Positionen lassen sich unterscheiden in:

- maschinengebundene Positionen,
- geometriebedingte Positionen und
- arbeitsablaufspezifische Positionen.

Die maschinengebundenen Positionen sind aufgrund der eingelesenen Daten bekannt. Ihre Lage ist gegenüber der jeweiligen Maschine unveränderbar. Sie kennzeichnen beispielsweise die Eingabe-

position eines Werkstückes in ein Gesenk, in eine Spannvor-
richtung oder ein maschinenintegriertes Magazin.

Die geometriebedingten Positionen hängen von der jeweils gewählten Maschinenaufstellung ab. Sie müssen vom Handhabungsgerät angefahren werden, um Kollisionen mit den gegebenen
Maschinen bzw. räumlichen Hindernissen zu vermeiden. Sie werden im Hinblick auf eine gegebene Maschinenaufstellung vom
Programm errechnet. Hierzu werden eine Vielzahl alternativer
Verfahrmöglichkeiten miteinander verglichen (vergl. Kap. 6.3.3.7).

Die gegebene Maschinenaufstellung hat darüber hinaus Einfluß
auf die arbeitsablaufspezifischen Positionen. Primär werden
diese jedoch von der gewählten Bedienstrategie und der damit
zusammenhängenden Wahl des Greifertyps bestimmt. Zu den arbeitsablaufspezifischen Positionen zählen im einzelnen

- Wartepositionen, die das Handhabungsgerät bis zum
  Abschluß eines Bearbeitungsvorganges einnehmen muß,
- Zwischenpunkte, die zur Durchführung einer Greiferschwenkbewegung (z.B. bei Doppelgreifereinsatz) angefahren werden müssen,
- Positionen, die zur Bereitstellung oder zum Umgrei-
  fen von Werkstücken dienen.

Die Lage dieser Positionen sowie die Art ihrer Einbindung in
den Arbeitszyklus muß vom Planer festgelegt werden. Der hierzu vorgesehene Programmablauf ist in Bild 32 skizziert.

Zunächst wird die Greiferausführung festgelegt. Hierzu bedient man sich dreier
Menuefelder, die Wahlmög-
lichkeiten hinsichtlich

- des Greifertyps (Einfach-,
  Doppelgreifer),

- der Greifergröße (alternative Größenklassen) und

- der Greiferhandachsen
  (A-, B-, C-Achse)

anbieten. Entsprechend der
gewählten Spezifikationen
wird anschließend der Greifer auf dem Bildschirm dargestellt. Unterhalb der Grei-
ferdarstellung erscheinen die
Elemente:

- GEWÄHLTER GREIFER
- NEUER GREIFER

Durch Anpicken dieser Elemente
wird entweder die getroffene
Wahl bestätigt oder abgelehnt.
Während im zweiten Fall ein
Rücksprung im Programm erfolgt, um entsprechende Änderungen vorzunehmen, kann im
ersten Fall mit der Planung
der Zwischenpunkte begonnen
werden. Die Steuerung dieses
Vorgangs erfolgt durch ein
Menuefeld mit folgenden
Textelementen:

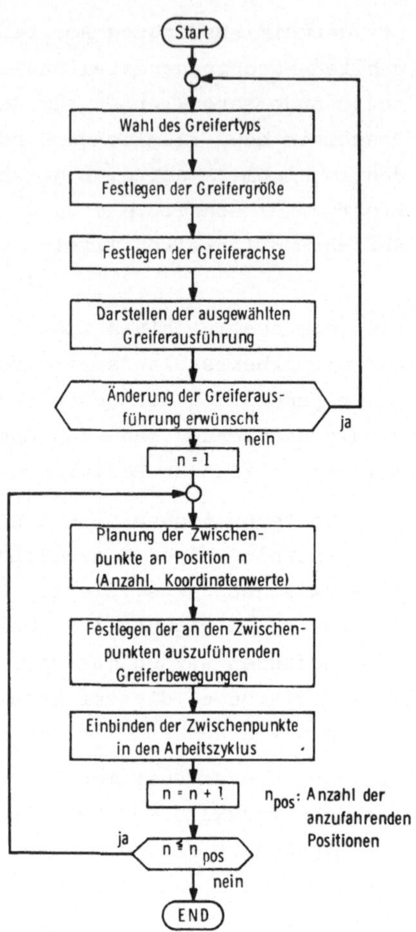

Bild 32: Vorgehensweise zur
         Einplanung von
         Zwischenpunkten

- ARBEITSRAUM POS (N)   1
- PLANUNG ZWISCHENPUNKTE   2
- NÄCHSTE POSITION   3
- PLANUNG ENDE   4

Die Zwischenpunkte werden schrittweise in bezug auf die einzelnen Positionen geplant. Über die Alternative 1 kann beim
Einsatz eines verfahrbaren PHG der Standpunkt des Gerätes ge-
wechselt und damit der Arbeitsraum an der jeweiligen Position
dargestellt werden. Bei Anpicken der Alternative 2 wird
die Stellung dargestellt, die Gerätearm und Greifer beim Anfahren der jeweiligen Position einnehmen. Der Greifer kann anschließend mittels Lichtgriffel an die Stelle verschoben werden, an der die Zwischenpunkte gesetzt werden sollen (<u>Bild 33</u>).

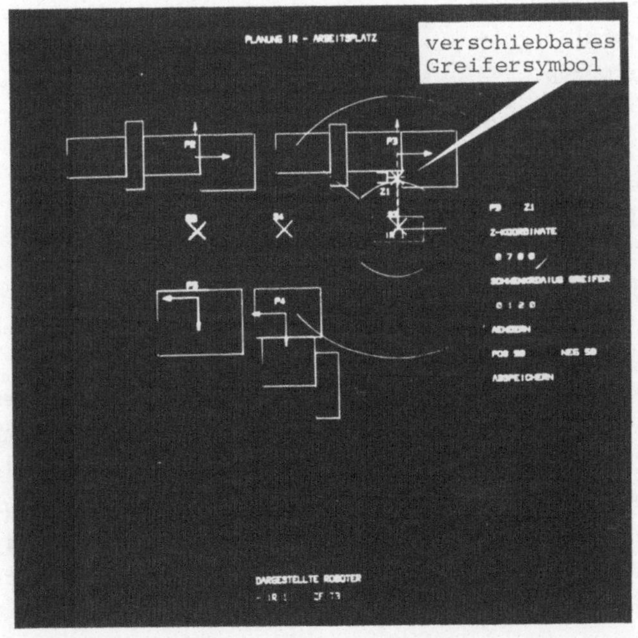

<u>Bild 33</u>: Festlegen der Zwischenpunkte am Bildschirm

Eine Abspeicherung der U-V-Koordinaten des Zwischenpunktes geschieht durch "Anpicken" der Textzeile "VERSCHIEBUNG ENDE", die
während der Operation auf dem Bildschirm erscheint. Die Festlegung der Z-Koordinate des Zwischenpunktes geschieht über ein
weiteres Menuefeld, welches die Möglichkeit bietet, schrittweise
den betreffenden Wert zu erhöhen bzw. zu senken.

Nach Festlegung der Koordinaten des Zwischenpunktes gilt es,
die an diesem Punkt auszuführenden Greiferbewegungen zu spezifizieren. Dies geschieht mittels zweier Menuefelder, wovon
das erste zur Bestimmung der Schwenkachsen und das zweite zur
Quantifizierung der Schwenkwinkel dient.

Das zweite Menuefeld hat folgendes Aussehen:

GREIFERBEWEGUNG UM

   - (C) ACHSE
   - SCHWENKWINKEL
   - (POS)   (75)
   - AENDERN
   - POS 15 NEG 15
   - ABSPEICHERN
   - SCHWENKZEIT
   - (OO.36) S

(in Klammern stehende Werte
werden entsprechend den Ein-
gaben des Planers ständig
aktualisiert).

Durch Anpicken der Elemente "POS 15" und "NEG 15" kann der
Planer den Schwenkwinkel in Schritten von 15 Grad erhöhen bzw.
vermindern. Der momentan gegebene Wert und die zugehörige
Schwenkzeit wird dabei ständig in das Menuefeld eingeblendet.
Bei Erreichen des gewünschten Wertes wird "ABSPEICHERN" angepickt. Sind sämtliche Greiferbewegungen für einen Zwischen-
punkt festgelegt, kann der geschilderte Programmablauf wiederholt werden bis maximal drei Zwischenpunkte pro Position eingeplant sind. Danach ist der Bewegungsablauf an der betreffenden
Position mittels der folgenden Textelemente festzulegen:

   - PLANUNG BEWEGUNGSABLAUF
   - NEXT
   - POS (N) Z1 Z2 Z3
   - NAECHSTE POSITION

Entsprechend der Reihenfolge, in der die Elemente POS(N), Z1,
Z2 und Z3 (Z=Zwischenpunkt) durch den Lichtgriffel angepickt
werden, werden die Zwischenpunkte in den Arbeitsablauf integriert. Hierbei können maximal fünf Bewegungsabschnitte definiert
werden. Nach Festlegung des Bewegungsablaufes wird die nachfolgend anzufahrende Position aufgerufen und der beschriebene
Planungsprozeß entsprechend wiederholt.

6.3.3.6 Überprüfung der Layoutlösung

Nach dem Entwurf einer bestimmten Layoutlösung ist zu prüfen,
ob sämtliche Positionen und Zwischenpunkte vom Handhabungsgerät angefahren werden können.

Hierzu reicht der vom Bildschirm vermittelte visuelle Eindruck
nicht aus. Aufgrund der gewählten zweidimensionalen Darstellung
kann lediglich beurteilt werden, ob im gegebenen Fall die
Geräteverfahrwege in X-, Y- und C- Richtung ausreichend dimen-
sioniert sind. Eine entsprechende Überprüfung im Hinblick auf
die Vertikalbewegungen (Z, B) wird vom Rechnerprogramm über-
nommen. Dieses ermittelt in bezug auf jede Position die Abstände ΔU, ΔV, ΔW zu der Gerätebasis an dem zugehörigen
Standpunkt. Aufgrund dieser Werte werden die gerätespezifischen
Anforderungen formuliert und mit den entsprechenden Geräte-
merkmalen verglichen. In Verbindung mit dieser Überprüfung erfolgt beim Einsatz eines Über-Kopf installierten Gerätes die
Ermittlung der erforderlichen Einbauhöhe. Um für Umrüst-,
Reparatur- und Bedienarbeiten einen möglichst großen Arbeitsraum unterhalb des Handhabungsgerätes zur Verfügung zu haben,
wird als Einbauhöhe der maximal mögliche Abstand zwischen Gerätegrundfläche und Bodenfläche gewählt. Dieser berechnet sich
aus den Koordinaten der anzufahrenden Positionen, der Decken-
höhe sowie den Verfahrwegen und den Verfahrwinkeln des Handhabungsgerätes. Während die Einbauhöhe bei den PHG-Grund-
typen I und II für alle Aufstellmöglichkeiten konstant ist,
hängt sie bei den Grundtypen III und IV von der Orientierung
des Gerätes und der zu bedienenden Fertigungsmittel im
Raum ab. Ihre Berechnung geschieht im einzelnen nach den in
__Bild 34__ aufgeführten Formeln.

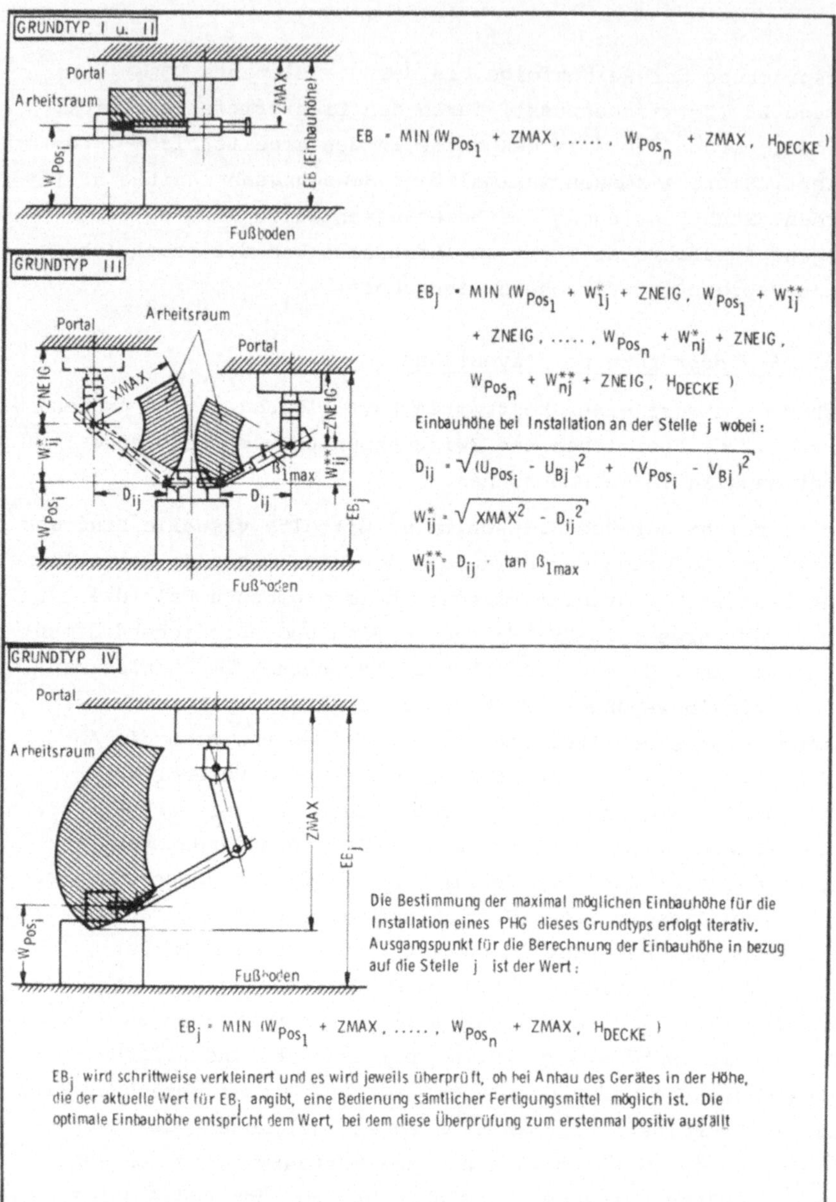

__Bild 34:__ Berechnung der optimalen Einbauhöhe für PHG mit unterschiedlichem kinematischem Aufbau

6.3.3.7 Berechnung des optimalen Verfahrweges und der erreichbaren Geräteverfahrzeit

Das wichtigste Kriterium zur Beurteilung einer entworfenen Layoutlösung ist die vom Handhabungsgerät erreichbare Verfahrzeit. Aufgrund der Verfahrzeit kann die Ausbringungsrate des Arbeitsplatzes im automatisierten Zustand berechnet und damit eine wesentliche Aussage hinsichtlich der Wirtschaftlichkeit gewonnen werden. Voraussetzung für die Ermittlung der Verfahrzeit ist die Festlegung des zeitminimalen Verfahrweges für das Handhabungsgerät. Zur Bestimmung des zeitminimalen Verfahrweges sind die verschiedenen möglichen Verfahralternativen zu ermitteln und miteinander zu vergleichen.

Hierzu wird mittels gerätetypabhängiger Suchverfahren eine schrittweise Überprüfung des jeweils zwischen zwei Positionen verfügbaren Gerätearbeitsraumes vorgenommen. Der Aufbau des Suchverfahrens für Handhabungsgeräte mit zylindrischem Arbeitsraum ist in <u>Bild 35</u> veranschaulicht.

Für die derart in bezug auf die einzelnen Bewegungsabschnitte ermittelten alternativen Verfahrmöglichkeiten wird anschließend die zugehörige Geräteverfahrzeit nach der folgenden Näherungsformel bestimmt.

$$t_{v_{n-1,n}} = G_{n-1,n} \sum_{i=1}^{i_n} \left(\frac{\Delta s_i}{v_{max}} + t_1 + t_2 \right) + (t_{G\ddot{o}} + t_{Gs}) + t_{w_t} \quad [s]$$

Der Faktor $G_{n-1,n}$ dient in dieser Beziehung zur Gewichtung des jeweiligen Bewegungsabschnittes entsprechend der relativen Vorkommenshäufigkeit im Gesamtzyklus (vergl. Kap. 6.3.3.1). Bei einer starren Bedienfolge nimmt $G_{n-1,n}$ den Wert 1 an.

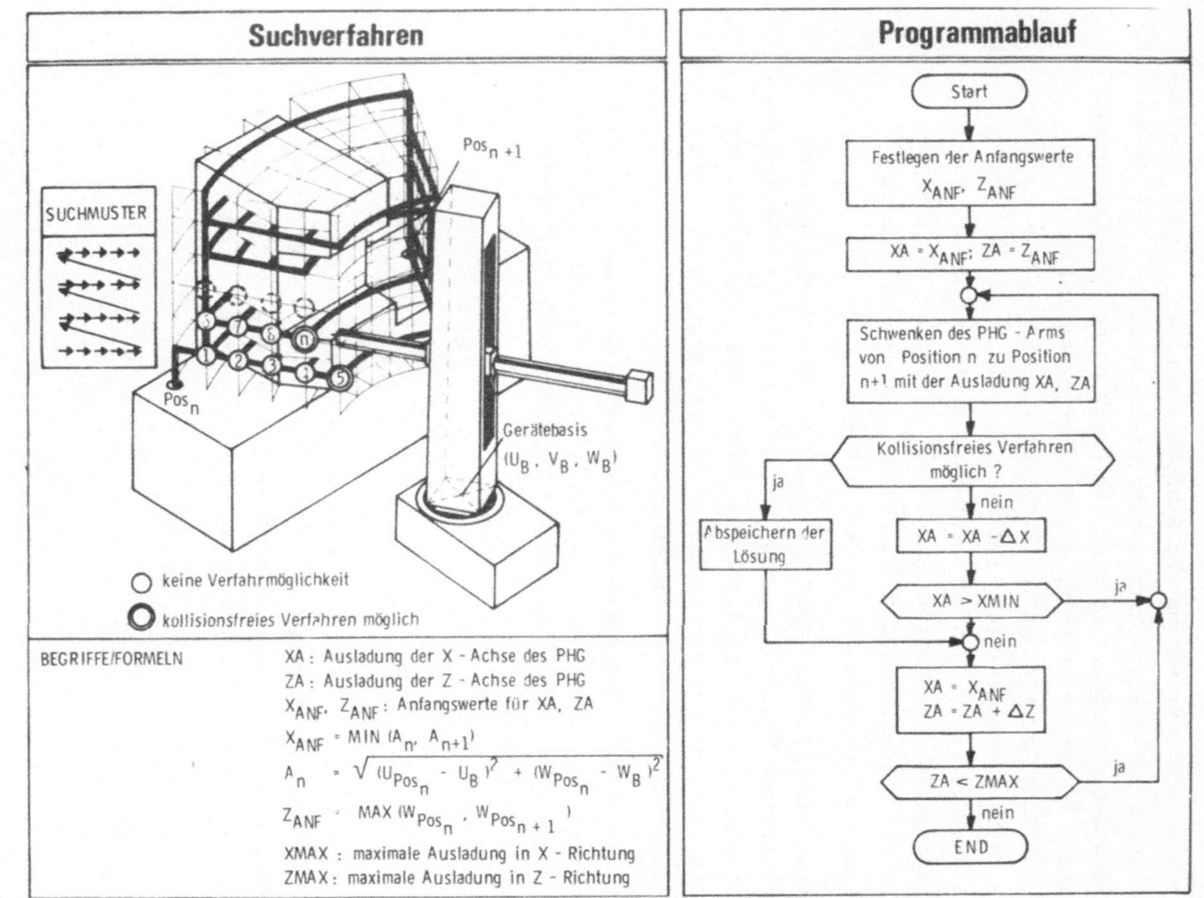

BEGRIFFE/FORMELN

XA : Ausladung der X - Achse des PHG

ZA : Ausladung der Z - Achse des PHG

X_{ANF}, Z_{ANF} : Anfangswerte für XA, ZA

$X_{ANF} = MIN (A_n, A_{n+1})$

$A_n = \sqrt{(U_{Pos_n} - U_B)^2 + (W_{Pos_n} - W_B)^2}$

$Z_{ANF} = MAX (W_{Pos_n}, W_{Pos_{n+1}})$

XMAX : maximale Ausladung in X - Richtung

ZMAX : maximale Ausladung in Z - Richtung

Bild 35: Systematisches Ermitteln alternativer Verfahrmöglichkeiten zwischen zwei Positionen

Aufgrund der berechneten Verfahrzeiten $t_{v_{n-1,n}}$ wird die für
jeden Bewegungsabschnitt optimale Verfahrmöglichkeit ausgewählt und daraufhin der zeitminimale Verfahrweg zur Bedienung
des gesamten Arbeitsplatzes bestimmt.

Mit der Bestimmung des zeitminimalen Verfahrweges liegt gleichzeitig der Bewegungsablauf des Handhabungsgerätes fest. Dieser
kann anschließend auf dem Bildschirm sichtbar gemacht werden.

Die zu diesem Zweck entwickelten Programmkomponenten ermöglichen
eine den tatsächlichen Geschwindigkeitsverhältnissen des PHG
weitgehend entsprechende Darstellung der einzelnen Verfahrbewegungen und ihres zeitlichen Zusammenspiels. Um den Eindruck
einer kontinuierlichen Bewegung des Gerätearmes zu vermitteln,
wird jeder Bewegungsabschnitt in eine Vielzahl von Teilschritten unterteilt, wobei die Schrittweite proportional zu der
jeweiligen Verfahrgeschwindigkeit gewählt wird. Damit die Bewegung des Lichtstrahles, der den PHG-Arm symbolisiert, an-
nähernd solange dauert wie die tatsächliche Armbewegung, sind
geeignete Zeitverzögerungsschleifen in das Programm eingebaut.
Ist die anzufahrende Position vom Handhabungsgerät erreicht,
wird eine weitere Zeitverzögerungsschleife durchlaufen. Diese
bewirkt, daß der Lichtstrahl ein kurzes Zeitintervall, welches
zur Beschleunigung und Verzögerung des Gerätearmes zu berücksichtigen ist, auf der Position stehen bleibt. Der Armbewegung
können Verfahrbewegungen des gesamten Gerätes überlagert werden. In diesem Fall wird die Gerätegrundfläche und die Grenz-
linie des Gerätearbeitsraumes schrittweise verschoben. Die Darstellung des Bewegungsablaufes kann vom Planer mehrmals abgeru-
fen werden. Hierzu dient das Textelement "WIEDERHOLUNG", welches
in die Bildschirmdarstellung nach Abschluß eines Simulationslaufes eingeblendet wird. Weiterhin hat der Planer über das
gleichfalls auf dem Bildschirm erscheinende Wort "ZEITLUPE"
die Möglichkeit, den Bewegungsablauf in reduzierter Geschwindig-
keit ablaufen zu lassen.

Gleichzeitig zur Darstellung des Bewegungsablaufes auf dem Bildschirm wird die zugehörige Geräteverfahrzeit über die Konsolschreibmaschine ausgegeben.

Sollen darüber hinaus weitere wichtige Daten hinsichtlich der vorliegenden Planungsvariante dokumentiert werden, so ist die Textzeile "DATENAUSGABE" im Menuefeld WAHLPL anzuwählen.

6.3.3.8 Datenausgabe

Die Dokumentation einer vorliegenden Layoutlösung erfolgt über die Konsolschreibmaschine und den Plotter. Die Konsolschreibmaschine liefert im einzelnen:

- eine Auflistung der Raumkoordinaten sämtlicher im Rahmen des Arbeitszyklusses anzufahrenden Positionen und Zwischenpunkte.
- Eine quantitative Angabe sämtlicher vom PHG auszuführenden Greiferbewegungen.
- Eine tabellarische Zusammenstellung der Koordinatenwerte der Maschineneckpunkte in der gegebenen Aufstellung.

Ergänzend zu diesen Ergebnissen wird durch den Plotter eine Zeichnung von der vorliegenden Layoutlösung angefertigt. In die Zeichnung wird jeweils die für das Handhabungsgerät gewählte Einbaulage, die Typenbezeichnung des Gerätes sowie die berechnete Verfahrzeit eingetragen.

7. Simulation des automatisierten Gesamtsystems

7.1 Gründe für die Simulation

Die Realisierung eines PHG - Einsatzes hängt primär von der im
automatisierten Zustand erzielbaren Ausbringungsrate ab. Bei
einer Einmaschinenbedienung oder der starren Verkettung mehrerer Maschinen durch ein PHG ist die Ermittlung der Ausbringungsrate problemlos möglich. In diesen Fällen kann sie durch die
Mengenleistung $\dot{M}_F$, die die Anzahl der pro Zeiteinheit von dem
gesamten Arbeitsplatz produzierten Einheiten angibt, gekennzeichnet werden. $\dot{M}_F$ läßt sich mit Hilfe der berechneten PHG - Verfahrzeit nach der folgenden Formel bestimmen :

$$\dot{M}_F \;=\; \frac{1}{t_v + \sum_{i=1}^{n} \left(t_{h_i} + t_{n_i} + t_{s_i} \right)} \qquad \left[\frac{1}{s} \right]$$

Wesentlich komplizierter ist die Berechnung der Ausbringungsrate beim Einsatz eines PHG zur losen Verkettung von Fertigungsmitteln oder bei der Bedienung mehrerer voneinander unabhängig
arbeitender Fertigungsmittel. In diesen Fällen ist der Bewegungsablauf des PHG variabel. Dies zwang bei der Layoutplanung zu
der Bildung einer fiktiven Bedienfolge, die keine Rückschlüsse
mehr auf die tatsächlich in einem bestimmten Zeitintervall ausgeführten Bedienvorgänge zuläßt. Um in den gegebenen Fällen
eine Aussage hinsichtlich der erzielbaren Ausbringungsrate treffen zu können, ist es erforderlich, in dem vom PHG auszuführenden Arbeitszyklus die einzelnen maschinenbezogenen Bedienvorgänge zu unterscheiden.

Es läßt sich dann die Mengenleistung in bezug auf eine bestimmte
Maschine i nach folgender Gleichung berechnen:

$$\dot{M}_{F_i} \;=\; \frac{1}{t_{h_i} + t_{n_i} + t_{b_i} + t_{w_i}} \;\cdot$$

t_{b_i} gibt in dieser Bezeichnung die zur Bedienung der Maschine i

benötigte Handhabungszeit an. Sie kann aus den für die einzelnen
Bewegungsabschnitte ermittelten Verfahrzeiten (vergl. Kap. 6.3.
3.7) berechnet werden. t_{w_i} entspricht der mittleren Wartezeit,
die zwischen dem Auftreten einer Forderung nach Be- oder Entladung und der Ausführung dieses Auftrages vergeht.

Eine exakte Berechnung der mittleren Wartezeit ist nur durch
eine Simulation des automatisierten Gesamtsystems möglich. Sta-
tistisch orientierte Aussagen·hinsichtlich der im System auftretenden Wartezeiten sind hingegen auch mit Hilfe der Warteschlangentheorie /32, 33, 34/ möglich. Die Anwendung dieses Verfahrens ist jedoch an die Voraussetzung gebunden, daß die im
System auftretenden Forderungen - im gegebenen Fall nach Be-
und Entladung der Maschinen - stochastisches Verhalten aufweisen. Diese Bedingung ist bei den gegebenen Einsatzfällen häufig
nicht erfüllt, beispielsweise bei der losen Verkettung, die zu
sehr engen funktionalen Abhängigkeiten zwischen den einzelnen
Fertigungsmitteln führt. Darüber hinaus weist die Methode der
Warteschlangentheorie noch die folgenden gewichtigen Nachteile
gegenüber einer Systemsimulation auf /33, 35, 36/:

- Es ist keine Identifizierung der individuellen
  Systemelemente möglich.
- Es muß bei der Berechnung von einer einheitlichen
  mittleren Bedienrate ausgegangen werden. Die Bestimmung dieser Bedienrate ist in den Fällen, wo
  keine Erfahrungswerte vorliegen (Neuplanungen),
  sehr problematisch.
- Die Berücksichtigung unterschiedlicher Bedienstrategien ist nicht möglich.
- Die Berechnungsgänge zur Lösung aufwendiger Ab-
  laufplanungsaufgaben werden sehr komplex.

Aus den vorgenannten Gründen wurde zur Lösung der vorliegenden
Problemstellung die Simulationstechnik gewählt.

Ein entsprechendes Simulationsprogramm wurde in Fortran IV erstellt. Auf die Anwendung spezieller Simulationssprachen (GPSS,

GASP, SIMSCRIPT etc.) wurde hierbei verzichtet, da diese Programme keine vollständige Abbildung der zu behandelnden Systeme ermöglichen.

7.2 Aufbau des Simulationsprogrammes

Das entwickelte Simulationsprogramm SIMLEP (Simulation des Einsatzes programmierbarer Handhabungsgeräte) ist in die folgenden Teilaufgaben gegliedert:

- Festlegung des Anfangszustandes des Systems
- Vorausberechnung von Systemereignissen
- Einleitung von Maßnahmen zur Veränderung des
  Systemzustandes
- Aktualisierung des Systemzustandes
- Statistik

Die erste Aufgabe besteht darin, den Systemzustand zu einem Bezugszeitpunkt (T = O) eindeutig zu definieren. Im allgemeinen ist dieser Systemzustand dadurch gekennzeichnet, daß sämtliche Fertigungsmittel und Handhabungsgeräte stillstehen und die Rohteilspeicher entladen werden können. Nach dem Systemanlauf werden fällige Ereignisse vorausberechnet. Ereignisse im Sinne des Programmes sind:

- das Eintreten des Bearbeitungsbeginns oder -endes
  einer Fertigungseinrichtung und
- der Beginn oder das Ende einer Bedienung durch das
  PHG.

Liegen zu einem bestimmten Zeitpunkt Forderungen einer Maschine nach Be- oder Entladung vor, so werden Maßnahmen zu deren Befriedigung ergriffen. Diese Maßnahmen bestehen in der Auswahl des zum Einsatz kommenden Handhabungsgerätes und der Festlegung des Zeitpunktes der Bedienung. Werden keine Forderungen im System gestellt, so wird die Simulationsuhr auf den Zeitpunkt des nächsten berechneten Ereignisses eingestellt und anschließend die entsprechenden Aktivitäten eingeleitet. Bei Abschluß der Tätigkeit eines Handhabungsgerätes wird der Systemzustand aktualisiert. Danach werden neue Vorausberechnungen gestartet.

Auf diese Weise ist es möglich, den Systemablauf bis zum Erreichen eines vorgegebenen Zeitpunktes vollständig nachzuvoll-
ziehen. Die Zeitdauer der einzelnen Systemzustände wird in
Ereignislisten eingetragen und am Ende des Simulationslaufes
ausgewertet. Es werden im einzelnen die folgenden Systemzustände unterschieden:

- bezüglich der Fertigungseinrichtungen:
  Maschine arbeitet, Maschine wird be- oder entladen, Maschine wartet auf Beladung, Maschine
  wartet auf Entladung.
- bezüglich der Handhabungsgeräte:
  PHG bedient eine Maschine, PHG verfährt leer von
  einer Maschine zur nächsten, PHG wartet.

Desweiteren enthalten die Ereignislisten die von jeder Maschine
gefertigten Produktionseinheiten.

Aufgrund der in den Ereignislisten festgehaltenen Ergebnisse
kann der Planer prüfen, ob bei der konzipierten Lösung die Ausbringungsrate des manuellen Zustandes erreicht werden kann. Ist
dies nicht der Fall, so ist in der Regel die Lösung aus dem Lö-
sungsangebot auszuscheiden. Daneben geben die Ergebnisse Auskunft über die Auslastungsgrade der einzelnen Systemkomponenten
und des Gesamtsystems. Aufgrund dieser Daten können brachlie-
gende technische Möglichkeiten erkannt und bei einer weiteren
Optimierung des Systems genutzt werden.

Schließlich kann durch die Simulation Kenntnis über die Häufigkeit gewonnen werden, mit der einzelne Bewegungsabschnitte in
einem gegebenen Zeitraum vom Handhabungsgerät durchfahren werden. Dieses Ergebnis macht es möglich, die Annahmen, die der Aufstellung der fiktiven Bedienfolge zugrunde lagen, auf ihre
Richtigkeit zu prüfen.

Stellen sich hierbei große Abweichungen heraus, ist eine Bedienfolge entsprechend neu zu formulieren und die Layoutplanung zu
wiederholen.

7.3 Programmablauf

7.3.1 Dateneingabe

Zur Simulation des Fertigungsablaufes und der Bedienung durch
die Handhabungsgeräte benötigt das Rechnerprogramm Daten, die
die Systemkonfiguration, die Bearbeitungsreihenfolge, die Verknüpfung der Handhabungsgeräte mit den Fertigungsmitteln sowie die Bearbeitungs- und Bedienzeiten beschreiben. Die Gliederung dieser Eingabedaten erfolgt in:

- Steuerdaten,
- Strukturdaten und
- Prozeßdaten.

Die Steuerdaten dienen zur programminternen Organisation und
zur Steuerung des Programmablaufs. Sie geben im einzelnen an:

- den Simulationszeitraum,
- die Anzahl der Fertigungsmittel,
- die Anzahl eingesetzter PHG und
- die anzuwendende Bedienstrategie.

Die anzuwendende Bedienstrategie wird über eine Kennzahl beschrieben. Neben der Strategie FIFO (First In, First Out)
stehen die Strategien KOZ und LOZ zur Auswahl. Diese Strategien
bevorzugen jeweils das Fertigungsmittel mit der kürzesten bzw.
längsten Operationszeit. Die Strukturdaten beschreiben den funktionellen Aufbau des Fertigungssystems und die Verknüpfung der
Handhabungsgeräte mit den eingesetzten Maschinen. Zur Kennzeichnung des funktionellen Aufbaus werden in bezug auf jedes
Fertigungsmittel die vor- und nachgelagerten Bearbeitungs-
stationen angegeben.

Zur Beschreibung der zwischen den Handhabungsgeräten und Fertigungsmitteln bestehenden Verknüpfungsstruktur werden die folgenden vier Fälle unterschieden:

- PHG entlädt Fertigungsmittel i
- PHG ent- und belädt Fertigungsmittel i

- PHG belädt Fertigungsmittel i
- PHG hat keine Funktionen an Fertigungsmittel i

Die Identifizierung dieser vier Fälle geschieht über Kennzahlen.

Die Prozeßdaten enthalten die Bearbeitungszeiten sämtlicher Fertigungsmittel. Ferner geben sie, aufgeschlüsselt nach den einzelnen
Bewegungsabschnitten, die Verfahr- bzw. Bedienzeiten der Handhabungsgeräte an.

7.3.2 Simulationsablauf

Der Ablauf des Simulationsprogrammes ist in <u>Bild 36</u> dargestellt.

Im Anschluß an die Dateneingabe wird der Anfangszustand des Systems definiert. Da zum Zeitpunkt des Simulationsanfanges sämtliche Maschinen die Forderung nach Beladung stellen, erhebt sich
die Frage, welche Maschine zuerst zu bedienen ist. Hierzu gilt es,
die Ausführbarkeit der einzelnen Forderungen zu überprüfen sowie
deren Rangfolge bezüglich der gewählten Servicestrategie festzulegen. Die Ausführbarkeit einer Forderung ist strukturabhängig.
So kann beispielsweise bei einem verketteten System eine Forderung auf Beladung einer Station nur erfüllt werden, wenn gleichzeitig eine Forderung auf Entladung einer im Bearbeitungsprozeß
vorgelagerten Station vorliegt. Die Servicestrategie kommt nur
dann zum Tragen, wenn mehrere erfüllbare Forderungen festgelegt
werden können.

Liegt die erste erfüllbare Forderung fest, ist zu prüfen, welches
Handhabungsgerät im gegebenen Fall zum Einsatz kommen soll. Falls
zu dem betreffenden Zeitpunkt mehrere Geräte zur Verfügung stehen,
wird dasjenige Gerät ausgewählt, welches im zurückliegenden Simulationszeitraum am längsten stillstand. Sind hingegen keine Geräte zu dem Zeitpunkt verfügbar, so wird das Gerät ermittelt,
welches die gestellte Forderung zum frühest möglichen Zeitpunkt
ausführen kann. Dementsprechend werden die Simulationszeiten aktualisiert und die Aktivitäten des PHG eingeleitet.

Die Tätigkeiten der Handhabungsgeräte sind eng mit der Statistik verknüpft. Alle durch diese Tätigkeiten hervorgerufenen Systemänderungen werden in die Ereignislisten eingetragen. Nach Abschluß eines vom Handhabungsgerät ausgeführten Bedienvorganges wird jeweils der Systemzustand aktualisiert. Der aktuelle Zustand bildet die Grundlage für einen neuen Simulationslauf.

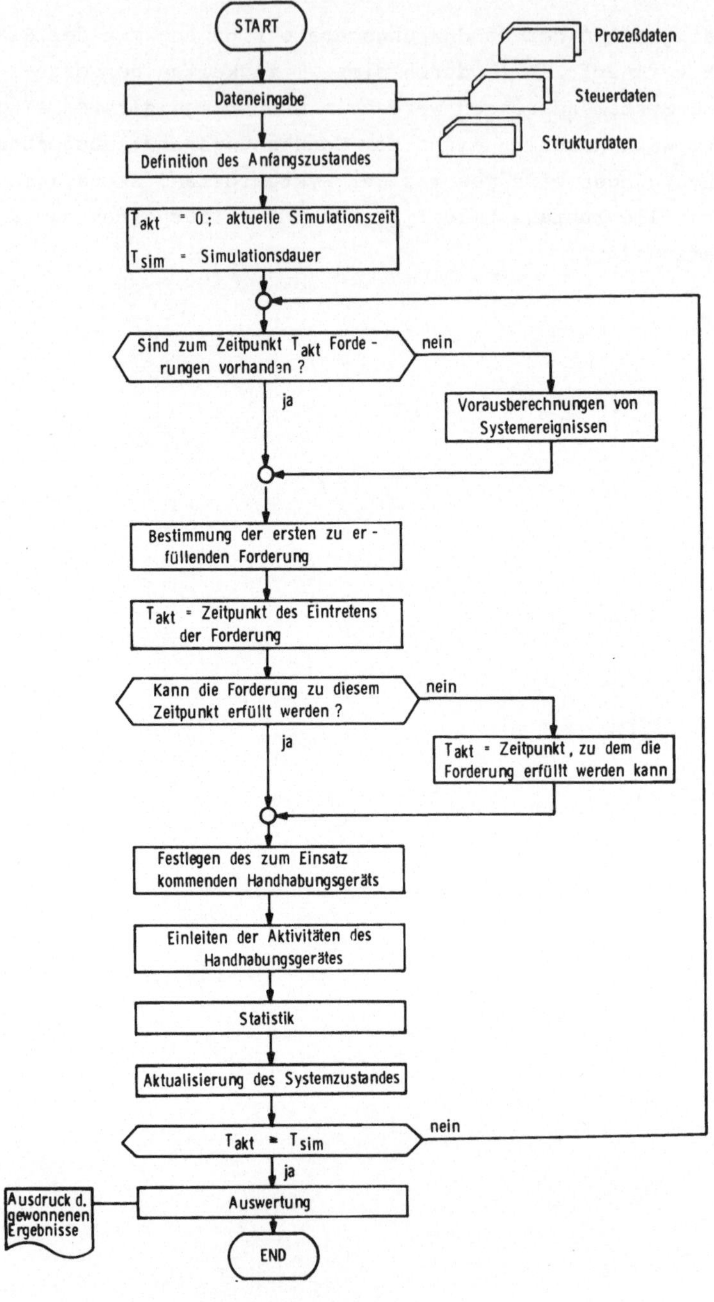

<u>Bild 36</u>: Ablauf des Simulationsprogrammes

7.3.3 Ergebnisausgabe

Die Art der Ergebnisausgabe soll anhand eines Beispiels (Bild 37) veranschaulicht werden. Das gewählte Beispiel stellt einen Arbeitsplatz in der spanenden Bearbeitung dar. Durch ein Handhabungsgerät sollen eine Frontdrehmaschine M1 (1.Bearbeitungsstufe), drei parallel arbeitende Spitzendrehmaschinen M2/3/4 (2. Bearbeitungsstufe), eine Horizontalbohrmaschine M5 (3. Bearbeitungsstufe) sowie eine Ständerbohrmaschine M6 (4. Bearbeitungsstufe) verkettet werden. Die zu bearbeitenden Teile (Rohrabschnitte) werden geordnet auf einem Band zugeführt und nach der Bearbeitung wieder auf einem Band abgelegt. Als Maschinenaufstellung wurde eine ovale Anordnung gewählt. Das Handhabungsgerät mußte zur Erweiterung seines Arbeitsraumes mit einer Verfahrachse ausgerüstet werden. Zudem besitzt es einen Doppelgreifer, um einen schnellen Werkstückwechsel vornehmen zu können.

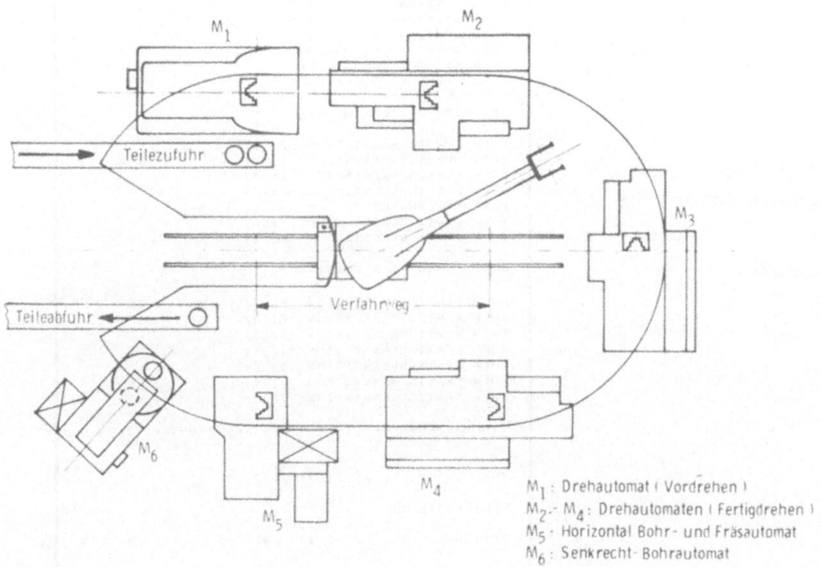

Bild 37: Beispielhafter Arbeitsplatz in der spanenden Bearbeitung

Das Programm liefert eine Ergebnisliste (<u>Bild 38</u>), in der in bezug auf die einzelnen Serviceregeln jeweils die Auslastungsgrade
der einzelnen Fertigungsmittel und des Handhabungsgerätes aufgeführt sind. Weiterhin enthält diese Liste die von jedem Fertigungsmittel im Simulationszeitraum gefertigte Anzahl an Produktionseinheiten. Die Ergebnisse lassen erkennen, daß im gegebenen
Fall die Servicestrategie "First In, First Out" die günstigste
ist. Sie zeigen jedoch auch, daß das Handhabungsgerät an seiner
Kapazitätsgrenze arbeitet und die Fertigungsmittel teilweise
schlecht ausgelastet sind. Es sollte daher im gegebenen Fall der
Einsatz eines weiteren Handhabungsgerätes oder die Ausgliederung
eines oder mehrerer Fertigungsmittel aus dem Arbeitssystem er-
örtert werden.

<u>Bild 38a:</u>

Eingabedaten für das
Simulationsprogramm
SIMLEP

```
SIMULATIONSDAUER: 28800 SEC

ANZAHL DER FERTIGUNGSEINRICHTUNGEN:  6

ANZAHL DER ROBOTER:  1

BEARBEITUNGSZEITEN:

FUER STATION  2:  60 SEC
FUER STATION  3: 120 SEC
FUER STATION  4: 170 SEC
FUER STATION  5: 230 SEC
FUER STATION  6:  50 SEC
FUER STATION  7:  60 SEC

VERKETTUNG NACH VORNE:

FUER FERTIGUNGSSTATION  2: 1;
FUER FERTIGUNGSSTATION  3: 2;
FUER FERTIGUNGSSTATION  4: 2;
FUER FERTIGUNGSSTATION  5: 2;
FUER FERTIGUNGSSTATION  6: 3; 4; 5;
FUER FERTIGUNGSSTATION  7: 6;
FUER FERTIGUNGSSTATION  8: 7;

VERKETTUNG NACH HINTEN:

FUER FERTIGUNGSSTATION  1: 2;
FUER FERTIGUNGSSTATION  2: 3; 4; 5;
FUER FERTIGUNGSSTATION  3: 6;
FUER FERTIGUNGSSTATION  4: 6;
FUER FERTIGUNGSSTATION  5: 6;
FUER FERTIGUNGSSTATION  6: 7;
FUER FERTIGUNGSSTATION  7: 8;

VERKNUEPFUNG DES IH MIT DEN FERTIGUNGSMITTELN


FUER IH  1: 1; 2; 2; 2; 2; 2; 2; 3;

MEDIENMATRIX:

STATION:    1    2    3    4    5    6    7    8

    1       0   12    6    7    8    3    4    5
    2       2    0   17   18   19    3    4    6
    3       6    6    0    2    3   17    8    9
    4       7    7    2    0    2   16    7    8
    5       8    8    3    2    0   15    6    7
    6       3    3    6    5    4    0   12    3
    7       4    4    8    7    6    2    0   12
    8       5    6    9    8    7    3    2    0
```

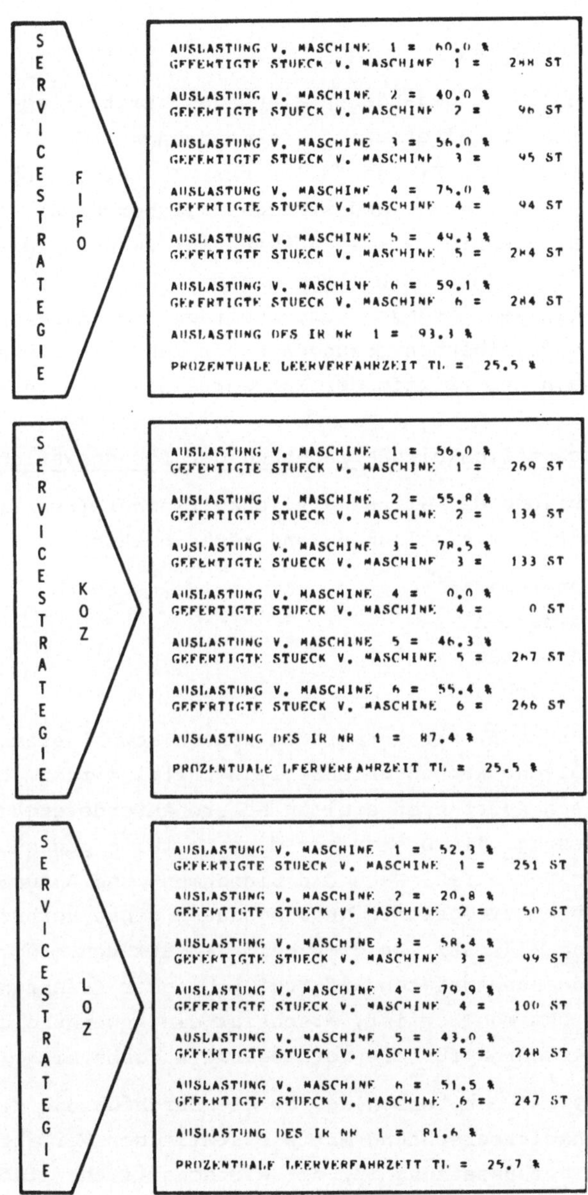

Bild 38b: Ausdruck der Simulationsergebnisse

8 Vergleich der ausgearbeiteten Gesamtlösungen

8.1 Vorgehensweise

Aufgrund der vorangegangenen Planungsschritte liegen im allgemeinen mehrere alternative Gesamtlösungen für die Realisierung des gegebenen Einsatzfalles vor. Aus dieser Lösungsmenge ist die in technischer und wirtschaftlicher Hinsicht optimale Variante auszuwählen. Diese Auswahl ist zweckmäßig in zwei Stufen durchzuführen: In einem ersten Schritt sind die nicht wirtschaftlichen Lösungen auszuscheiden. Im Anschluß daran sind die verbleibenden Lösungen einer mehrdimensionalen Bewertung nach dem Prinzip der Nutzwertanalyse zu unterziehen.

8.2 Wirtschaftlichkeitsbetrachtung der Lösungsvarianten

Zur Beurteilung der Wirtschaftlichkeit einer Investition haben sich in der Praxis folgende Kenngrößen bewährt:

- Kostenersparnis
- Amortisation
- Rentabilität
- Grenzstückzahl

Zur Berechnung dieser Kenngrößen können sowohl statische, als auch dynamische Rechenverfahren eingesetzt werden. Die dynamischen Rechenverfahren stellen höhere Anforderungen an die Datenerfassung. Sie bieten nur dann Vorteile gegenüber den statischen Verfahren, wenn die Einnahmen- und Ausgabenentwicklung über die gesamte Nutzungsdauer genau vorhergesagt werden kann /37, 38/. Da dies beim Einsatz von programmierbaren Handhabungsgeräten aufgrund fehlender Erfahrungswerte bislang nicht möglich ist, erscheint die Anwendung dynamischer Verfahren für die vorliegende Aufgabe nicht sinnvoll.

In __Bild 39__ ist ein Vorschlag für die Durchführung der Wirtschaftlichkeitsberechnung mittels statischer Verfahren dargestellt. Voraussetzung für die Wirtschaftlichkeitsberechnung ist eine detaillierte Erfassung sämtlicher Kosten, die

an dem gegebenen Arbeitsplatz im manuellen Zustand und in dem
konzipierten automatisierten Zustand anfallen. Es ist zweckmäßig,diese Datenerfassung anhand von Checklisten, so wie sie
in /28/ und /39/ vorgestellt wurden, durchzuführen.

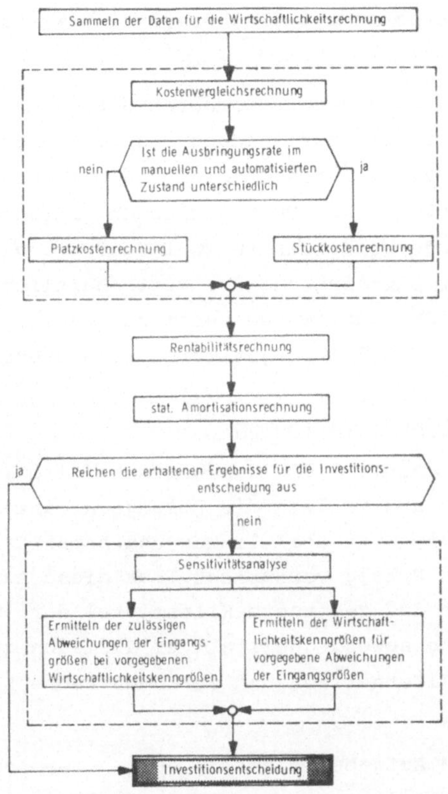

Bild 39: Vorgehensweise bei der Wirtschaftlichkeits-
prüfung eines PHG-Einsatzes

Anschließend können sukzessive die Kostenersparnis, die Rentabilität und die Amortisationszeit berechnet werden. Ist aufgrund
dieser Ergebnisse keine eindeutige Entscheidung für bzw. gegen
die untersuchte Lösung möglich, so muß zur genaueren Abschätzung
des Investitionsrisikos eine Sensitivitätsanalyse folgen.

Dieses Verfahren ermöglicht es, den Einfluß einer oder mehrerer
unsicherer Eingangsgrößen auf die berechneten Wirtschaftlich-
keitskenngrößen zu verdeutlichen /4o/.

Es ist im Gegensatz zu anderen Verfahren ähnlicher Zielsetzung
(Risikoanalyse, Verfahren zur Bildung des gewogenen Mittelwertes)
mit wenigen Rechengängen durchzuführen und erfordert keine wahr-
scheinlichkeitstheoretischen Untersuchungen. Entsprechend der
dargestellten Methode wurde ein in zwei Stufen gegliedertes
Rechnerprogramm zur Durchführung der Wirtschaftlichkeitsberechnung erstellt. Das Programm wurde dabei so ausgelegt, daß es
in einem Lauf bis zu fünf Lösungsalternativen überprüfen kann.

8.3 Bewertung der Lösungsvarianten

Aus der Menge der Lösungen, die den Wirtschaftlichkeitsanforde-
rungen genügen, ist schließlich die Lösungsvariante auszuwählen,
die nach technischen, wirtschaftlichen und humanitären Gesichtspunkten den größten Erfolg verspricht. Für diese Aufgabe stellt
die Nutzwertanalyse das geeignete Hilfsmittel dar. Sie ermöglicht
die Berücksichtigung sowohl qualitativer als auch quantitativer
Eigenschaften der Alternativen und läßt mehrfache Zielsetzungen
zu.

Die anspruchvollste Aufgabe im Rahmen der Nutzwertanalyse besteht
in der Auswahl und Gewichtung geeigneter Zielkriterien zur Bewertung der Lösungsalternativen. Bei der vorliegenden Bewertungs-
aufgabe sind im wesentlichen die folgenden Kriterien zu berücksichtigen:

- Investitionskosten
- Betriebskosten
- Instandhaltungskosten

- Zuverlässigkeit
- Ausbringung
- Platzbedarf
- Umrüstbarkeit
- Zugänglichkeit
- Sicherheit
- Arbeitsbedingungen für verbleibendes Personal
- Wiederverwendbarkeit

Der Berechnungsgang zur Ermittlung der Nutzwerte läuft streng
schematisch ab und erfordert mit zunehmender Anzahl an Bewer-
tungskriterien einen erheblichen Zeitaufwand. Es erschien daher sinnvoll, auch diese Planungsphase rechnerunterstützt durchzuführen. Insbesondere ist es auf diese Weise möglich, ohne
großen Zeitaufwand die Bewertung mit veränderten Bedingungen
nochmals zu wiederholen. Das zu diesem Zweck erstellte Rechnerprogramm arbeitet interaktiv. Zur Dateneingabe wird der graphische Bildschirm der eingesetzten Rechenanlage verwendet.
Über diesen legt der Planer die zur Beurteilung relevanten
Zielkriterien fest und führt ihre Gewichtung durch. Weiterhin
wählt er am Bildschirm die zur Zuweisung der Zielerträge erforderlichen Zielwertfunktionen aus (Bild 4o).

Mit Hilfe des Rechnerprogrammes werden aufgrund der eingegebenen
Daten die Zielwerte bestimmt, mit den Gewichtungsfaktoren multi-
pliziert und zu den Nutzwerten für jede Alternative addiert.
Durch ein Sortierprogramm werden die Alternativen nach fallenden
Nutzwerten geordnet und entsprechend auf dem Bildschirm aufge-
listet.

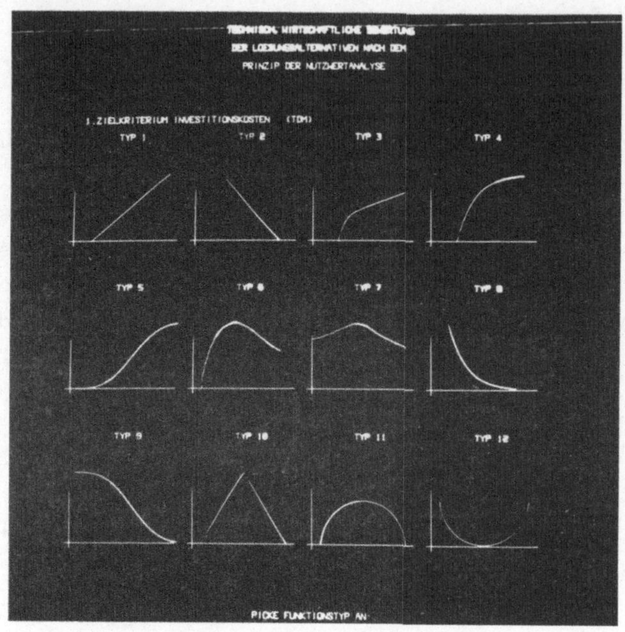

<u>Bild 4o</u>: Auswahl der Zielwertfunktionen am interaktiven
graphischen Bildschirm

9 Beispiele

Mit Hilfe der beschriebenen Rechnerprogramme kann der Planer bei
der Projektierung eines PHG-Einsatzes weitgehendst von Arbeiten
mit reproduktivem Charakter befreit werden. Die überwiegend krea-
tiven Tätigkeiten werden ihm jedoch weiterhin belassen, wodurch
vor allem eine schnelle Umsetzbarkeit der Planungsergebnisse in
die Praxis sichergestellt ist. Nachfolgend soll anhand von zwei
Praxisbeispielen das Zusammenspiel zwischen planerischem Ent-
wurfsprozeß und rechnerunterstützter Lösungsausarbeitung veranschaulicht werden. Weiterhin soll das Leistungsvermögen der entwickelten Instrumentarien und ihre richtige Handhabung verdeutlicht werden. Die Einsatzbeispiele wurden hierzu so gewählt, daß
sie eine möglichst große Anzahl der mit Hilfe des entwickelten
Planungssystems zu bearbeitenden Problemstellungen in sich ver-
einen.

9.1 Schmiedearbeitsplatz

9.1.1 Aufgabenstellung

Die in **Bild 41** dargestellte Schmiedegruppe soll durch neue Anlagen ersetzt werden und hierbei die auszuführenden Handhabungsvorgänge weitgehend durch programmierbare Handhabungsgeräte automatisiert werden.

An der Schmiedegruppe werden aus Knüppelabschnitten Teile unterschiedlicher Form hergestellt, unter anderem: Nockenwellenräder,
Hinterachswellen und Achsschenkel. Im gegebenen Istzustand werden die Rohteile in einem Transportbehälter angeliefert und
manuell auf die Einlaufschiene des Induktionsofens aufgelegt.

Am Ofenausgang werden die Teile - soweit sie die richtige Tem-
peratur haben - vereinzelt und über eine Rinne in den Arbeits-
bereich der Schmiedepresse gefördert. Hier greift sie der Schmied
und führt die Schmiedeoperationen an Vor-, Zwischen- und Endform
aus. Anschließend legt er die Teile auf ein Transportband ab und
fettet die Gesenke. Das Transportband fördert die Teile zur Abgratpresse, wo der Handhabungsablauf für die einzelnen Werkstück-

typen unterschiedlich abläuft. Wird ein Werkzeug eingesetzt,
bei dem das Werkstück durch den Abgratschnitt fällt, so bestehen die Funktionen des Werkers im Einlegen des Teiles in
den Abgratschnitt, dem Ausstoßen des nach unten gefallenen
Teils sowie der Entnahme des Grates.

Bleibt das Werkstück hingegen im Abgratschnitt liegen, so ist
zusätzlich ein definiertes Greifen dieses Teiles erforderlich.
Bei einzelnen Werkstücken werden zwei Operationen auf der Abgratpresse durchgeführt, beispielsweise neben dem Abgraten
noch ein Kalibrieren oder Biegen des Teiles. In diesen Fällen
sind die Handhabungsabläufe entsprechend komplexer.

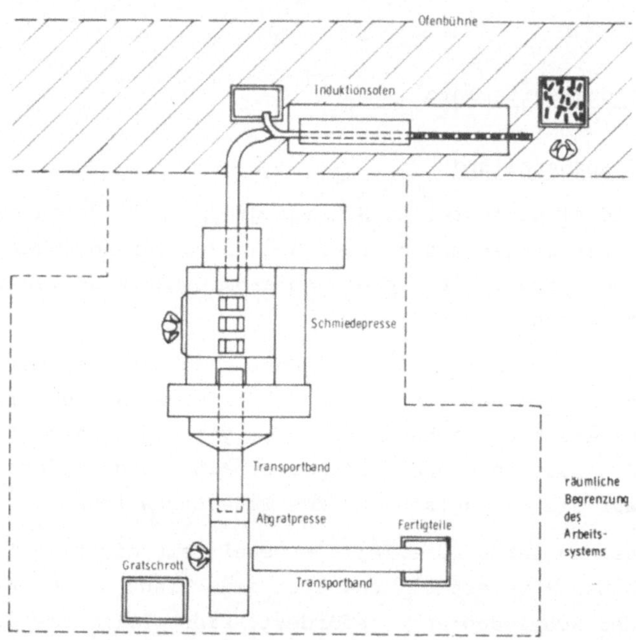

Bild 41: Maschinenaufstellungsplan des zu automatisierenden
Schmiedearbeitsplatzes

9.1.2 Analyse des Istzustandes

Zur Analyse des Istzustandes wurden die in Kap. 4.1 vorgestellten Formblätter eingesetzt. Da am automatisierten Arbeitsplatz neue Pressen eingesetzt werden sollten, wurde am gegebenen Arbeitsplatz nur eine qualitative Analyse des Handhabungsablaufes vorgenommen. Die genaue Quantifizierung der anzufahrenden Positionen erfolgte über die Maschinen- und Werkzeugzeichnungen. Die wichtigsten Ergebnisse der Istzustandsaufnahme sind in Bild 42 zusammengefaßt.

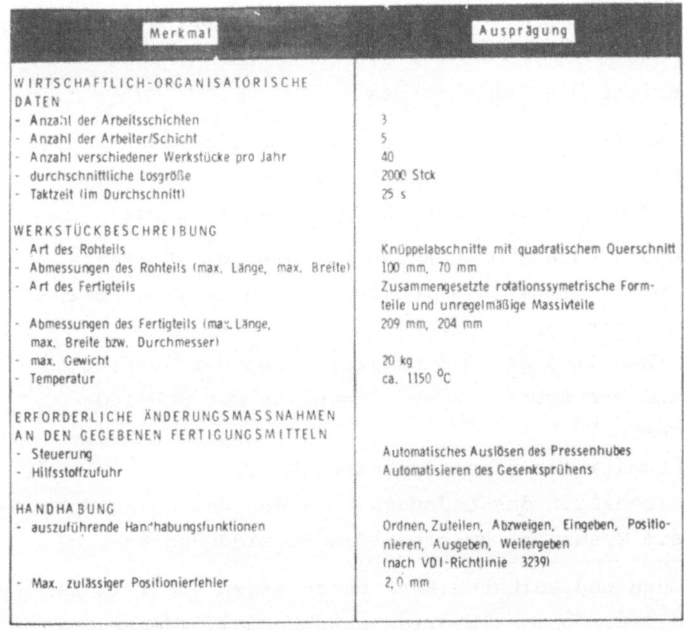

Merkmal	Ausprägung
WIRTSCHAFTLICH-ORGANISATORISCHE DATEN	
- Anzahl der Arbeitsschichten	3
- Anzahl der Arbeiter/Schicht	5
- Anzahl verschiedener Werkstücke pro Jahr	40
- durchschnittliche Losgröße	2000 Stck
- Taktzeit (im Durchschnitt)	25 s
WERKSTÜCKBESCHREIBUNG	
- Art des Rohteils	Knüppelabschnitte mit quadratischem Querschnitt
- Abmessungen des Rohteils (max. Länge, max. Breite)	100 mm, 70 mm
- Art des Fertigteils	Zusammengesetzte rotationssymetrische Formteile und unregelmäßige Massivteile
- Abmessungen des Fertigteils (max. Länge, max. Breite bzw. Durchmesser)	209 mm, 204 mm
- max. Gewicht	20 kg
- Temperatur	ca. 1150 $^{\circ}$C
ERFORDERLICHE ÄNDERUNGSMASSNAHMEN AN DEN GEGEBENEN FERTIGUNGSMITTELN	
- Steuerung	Automatisches Auslösen des Pressenhubes
- Hilfsstoffzufuhr	Automatisieren des Gesenksprühens
HANDHABUNG	
- auszuführende Handhabungsfunktionen	Ordnen, Zuteilen, Abzweigen, Eingeben, Positionieren, Ausgeben, Weitergeben (nach VDI-Richtlinie 3239)
- Max. zulässiger Positionierfehler	2,0 mm

Bild 42: Charakteristische Merkmale des Schmiedearbeitsplatzes

9.1.3 Auswertung der Arbeitsplatzanalyse

Die Auswertung der Arbeitsplatzanalyse zeigte, daß sowohl aus
technisch-wirtschaftlichen Gründen als auch aus Humanisierungs-
gesichtspunkten die Automatisierung durch Handhabungsgeräte
sinnvoll ist. In wirtschaftlicher Hinsicht sprechen vor allem
der hohe Personaleinsatz und der 3-Schichtbetrieb für eine
Automatisierung.

Als die wichtigsten Human-Kriterien sind zu nennen:

- die hohen Unfallgefahren,
- die hohen physischen und psychischen Belastungen sowie
- die ungünstigen Umgebungsbedingungen (heiße Werkstücke,
  hoher Lärmpegel ($\geq$ 11o dB (A)), hoher Staubanfall).

9.1.4 Kritik des Istzustandes

In die Kritik des Istzustandes wurden die neuen Pressen mit
einbezogen. Als die wichtigsten bei einer Automatisierung erforderlichen Änderungsmaßnahmen wurden erkannt:

- Automatisches Ordnen und Zuführen der Rohteile,
- Vermeiden des Zusammenklebens von zwei Knüppelabschnitten,
- Beibehalten des Ordnungszustandes der Werkstücke
  beim Transport von der Ofenbühne zur Schmiedepresse,
- Automatisieren des Gesenksprühens,
- Beibehalten des Ordnungszustandes der Werkstücke
  beim Transport zwischen den Schmiedeaggregaten.

Das Ordnen und Zuführen kann durch einen speziell für den rauhen
Schmiedebetrieb konzipierten Außenwendelförderer geschehen, der
mit der Einlaufschiene des Ofens verkettet ist.

Die zweite und dritte Forderung ist zu erfüllen, indem die gegebene Rutsche durch ein Absenkförderband mit integrierter Zu-
teileinrichtung ersetzt wird. Als Alternative bietet sich die
U- oder V-förmige Ausbildung der Rutsche an, doch weist diese
Lösung Nachteile hinsichtlich der zu erwartenden Funktionssicherheit auf.

Zum automatischen Gesenksprühen können käufliche Geräte eingesetzt werden. Der Platzbedarf dieser Geräte ist bei der späteren Layoutplanung in Betracht zu ziehen. Der geordnete Transport der Werkstücke von der Schmiede- zur Abgratpresse läßt sich entweder durch ein Transportband, welches mit werkstückspezifischen Aufnahmen ausgerüstet ist, realisieren oder durch eines der eingesetzten Handhabungsgeräte. Diese Möglichkeiten werden bei der Ausarbeitung der Lösungsalternativen näher diskutiert.

9.1.5 Aufstellen des Pflichtenheftes für die einzusetzenden Handhabungsgeräte

Aufgrund der unterschiedlichen Form der zu bearbeitenden Werkstücke ändern sich bei jedem Umrüstvorgang

- die anzufahrenden Positionen beim Greifen der Werkstücke,
- die erforderliche Aushebehöhe an den Gesenken sowie
- die Bewegungsfolge an der Abgratpresse.

Diese Gegebenheiten lassen eine Automatisierung nur mittels eines flexiblen programmierbaren Handhabungsgerätes zu.

Um zu prüfen, welche käuflichen Geräte im gegebenen Fall in Frage kommen, müssen getrennt für den Einsatz an der Schmiedepresse und Abgratpresse die entsprechenden Geräteanforderungen formuliert werden. Hierbei können zunächst nur die layoutunabhängigen Anforderungen berücksichtigt werden, da aufgrund der Neubeschaffung der Pressen die Maschinenaufstellung variabel ist.

Bezüglich des Einsatzes an der Schmiedepresse wurden die in <u>Bild 43</u> dargestellten Anforderungen aufgestellt. Die Forderung nach einem Verfahrweg in X-Richtung von mindestens 1400 mm ergibt sich aus einem Vergleich verschiedener prinzipieller Aufstellungsmöglichkeiten des PHG (vor, hinter, seitlich der Presse), wenn davon ausgegangen wird, daß es entweder zu den Aufgaben

des Handhabungsgerätes gehört, ein Werkstück, welches außerhalb der Presse angeboten wird, in die Vorform einzugeben, oder
ein Werkstück aus der Endform zu entnehmen und außerhalb der
Presse abzulegen. Beim Einsatz an der Schmiedepresse kann davon ausgegangen werden, daß das Handhabungsgerät mindestens zwei
Werkzeuge bedient. Hierzu benötigt es bei einer Aufstellung
vor bzw. hinter der Presse entweder eine Y-Armachse oder eine
C-Armachse mit zusätzlicher C-Handachse. Diese Achsen sind
auch bei einer seitlichen Aufstellung des PHG zu fordern, da
die Werkstücke je nach Umformstufe an unterschiedlichen Stellen gegriffen werden müssen. Eine Quantifizierung der betreffenden Bewegungen ist in diesem Planungsstadium nicht möglich[*]. Eine exakte Eingabe der Werkstücke in die Zwischen- und
Endform ist durch PHG mit PTP-Steuerung nur möglich, wenn die
Geräte über eine vertikale Translationsbewegung (Z-Bewegung)
verfügen. Diese muß größer als die maximale Werkstücklänge von
21o mm sein. Bei anderem kinematischem Aufbau können nur Geräte
mit einer CP-Steuerung eingesetzt werden. Eine Betrachtung des
kleinstmöglichen Toleranzfeldes zwischen Werkstück und Aufnahme
führt zu dem maximal zulässigen Positionierfehler von 2,o mm
für das Handhabungsgerät. Bei der Festlegung der minimal erforderlichen Traglast von 4o daN wurde davon ausgegangen, daß
die Greifermasse der einfachen Werkstückmasse (2o kg) entspricht.

Entsprechende Anforderungen wurden auch für den Einsatz an der
Abgratpresse formuliert. Auf ihre detaillierte Darlegung soll
hier verzichtet werden.

[*]Aus diesem Grund wird im Pflichtenheft lediglich gefordert,
  daß das PHG über die betreffenden Armbewegungen verfügen muß,
  das bedeutet: C DELTA bzw. Y DELTA > o,o mm

Nr.	BEZEICHNUNG	ERKLÄRUNG / ERLÄUTERUNG	GEFORDERTE AUSPRÄGUNG
1	X DELTA	Verfahrweg in X-Richtung	≥ 1400 [mm]
2	X POS FEHL MAX	max. Positionierfehler der X-Achse	≤ 2.0 [mm]
3	Y DELTA	Verfahrweg in Y-Richtung	> 0.0 [mm]
4	Y POS FEHL MAX	max. Positionierfehler der Y-Achse	≤ 2.0 [mm]
	alternativ zu 3 u. 4		
5	C DELTA	Verfahrwinkel der C-Achse	> 0.0 [grd]
6	C POS FEHL MAX	max. Positionierfehler der C-Achse	≤ 2.0 [mm]
7	GREIFER C DELTA	Verfahrwinkel der Greifer-C-Achse	> 0.0 [mm]
8	Z DELTA	Verfahrweg in Z-Richtung	≥ 300 [mm]
9	Z POS FEHL MAX	max. Positionierfehler der Z-Achse	≤ 2.0 [mm]
10	TRAGLAST NORMAL	Traglast bei Normalgeschwindigkeit	≥ 40.0 [daN]
11	ART DER STEUERUNG	bei PHG des Grundtyps III u. IV	CP

Bild 43: Pflichtenheft zur Auswahl geeigneter Handhabungsgeräte

9.1.6 Geräteauswahl

Aufgrund der aufgestellten Anforderungen konnten neun käufliche Handhabungsgeräte aus der PHG-Datenbank ausgewählt werden (**Bild 44**). Von diesen Geräten erwiesen sich jedoch nur fünf für den Einsatz an der Schmiedegruppe geeignet. Die übrigen vier Geräte sind als Portal (Grundtyp I) ausgebildet und ermöglichen daher nicht die Bedienung der nur horizontal zugänglichen Pressengesenke. Bezüglich des Einsatzes an der Abgratpresse wurden zehn Geräte als mögliche Lösungen erkannt.

Aus Gründen der Gerätewartung, des Services und der Funktionssicherheit des Gesamtsystems sollten, wenn irgend möglich, an den beiden Schmiedeaggregaten Geräte des gleichen Herstellers eingesetzt werden. Wenn daraufhin die ausgewählten Geräte überprüft werden, verbleiben vier mögliche Gerätekombinationen. Von diesen weisen die Geräte eines Herstellers eindeutige technische Vorteile im Hinblick auf den gegebenen Einsatz auf (gekapselte

Bauweise, modularer Aufbau). Es wurde daher die weitere Planung
auf diese Geräte ausgerichtet.

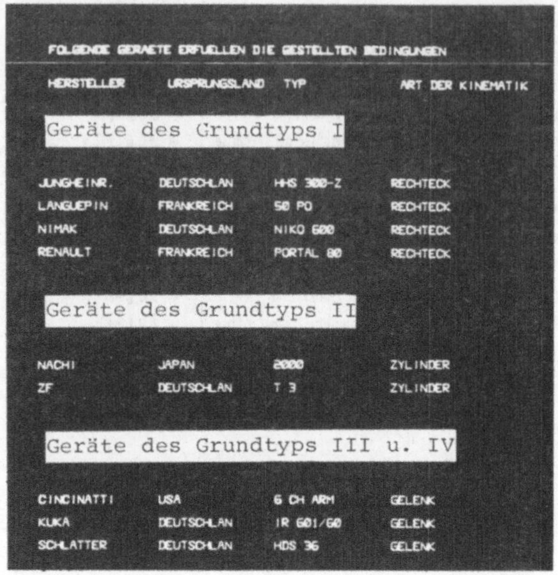

Bild 44: Geeignete Handhabungsgeräte für den Einsatz an der
Schmiedepresse

9.1.7 Layoutplanung

Mit Hilfe des interaktiven Layoutplanungsprogrammes wurden verschiedene Aufstellmöglichkeiten für die Pressen entworfen. Hierbei galt es die folgenden Randbedingungen zu beachten:

- Die Schmiede- und Abgratpresse müssen stets für den Be-
  dienmann zugänglich sein, um Störungen schnell beheben
  zu können.
- Das Umrüsten der Werkzeuge muß durch einen Gabelstapler
  in kurzer Zeit ausführbar sein.
- Die Pressen sind auf dem eingeplanten Raum (vergl. Bild
  41) anzuordnen.

- Die Abgratpresse kann seitlich nicht beschickt werden.
- Für mögliche Reparaturarbeiten muß die Schmiedepresse
  durch einen Autokran seitlich zugänglich sein.

Zunächst wurden zwei Handhabungsgeräte zur Bedienung der Schmiedeaggregate eingeplant. Hierbei zeigte sich jedoch, daß unabhängig von der Layoutgestaltung die von der manuellen Bedienung her bekannte Ausbringungsrate bei weitem nicht erreicht werden konnte. Es wurde daher im weiteren Verlauf der Planung der Einsatz von drei Geräten vorgesehen. Nach zahlreichen Simulationsläufen, in denen die Anordnung der Handhabungsgeräte, die Aufstellung der Pressen und die jeweiligen Arbeitszyklen variiert wurden, erwiesen sich schließlich drei Lösungen als technisch und wirtschaftlich aussichtsreich. Diese Lösungen sind in den <u>Bildern 45 bis 47</u> dargestellt.

Bei Lösung I beschickt das erste PHG die Vor- und Zwischenform der Schmiedepresse. Das zweite PHG beschickt die Endform und verkettet die Schmiedepresse mit der Abgratpresse. Das dritte PHG übernimmt die Funktionen an der Abgratpresse. Bei dieser Lösung sind die Geräte II und III jeweils mit einer Verfahrachse ausgerüstet. Während diese bei Gerät II zur Erweiterung des nutzbaren Arbeitsraumes dient, wurde sie bei dem Gerät III gewählt, um im Störungsfall das Handhabungsgerät direkt aus dem Bedienraum der Presse herausfahren zu können.

Bei den zwei anderen Lösungen sind die Handhabungsabläufe fast identisch. In beiden Fällen beschickt wiederum das erste PHG die Vor- und Zwischenform. Das zweite, auch in diesem Fall verfahrbare Gerät, bedient die Endform und legt das geschmiedete Werkstück auf ein Transportband bzw. eine Übergabestation ab. Das dritte PHG beschickt den Abgratschnitt und übernimmt die weiteren Funktionen an der Abgratpresse. Diese andersartige Verteilung der Handhabungsfunktionen führt - wie die aufgeführten Ergebnisse zeigen - zu einer Reduzierung der Gesamttaktzeit.

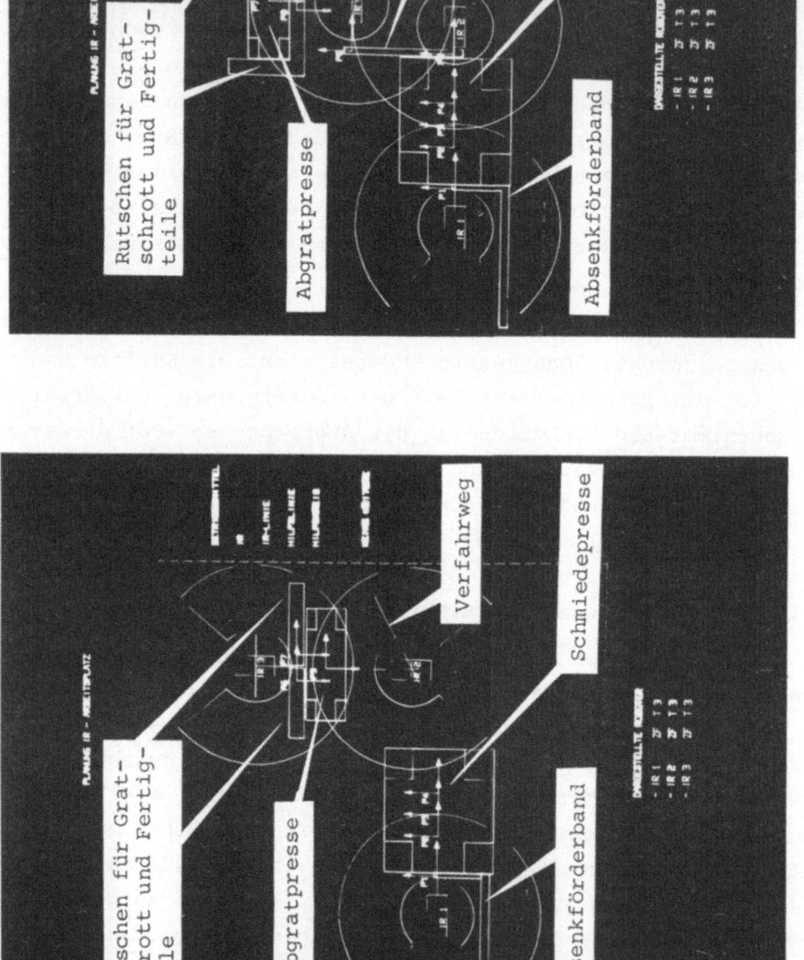

Bild 45: Layoutvariante I für den gegebenen Schmiedearbeitsplatz, Zykluszeit: 19,9s

Bild 46: Layoutvariante II für den gegebenen Schmiedearbeitsplatz, Zykluszeit: 18,6s

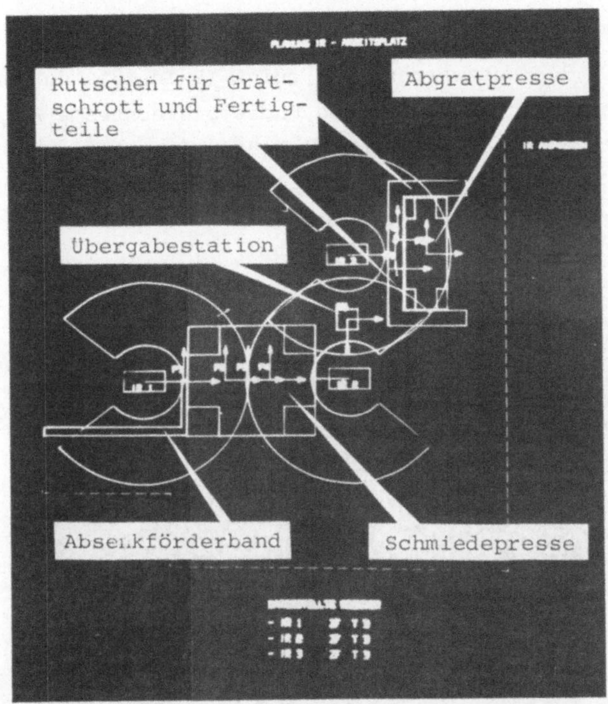

<u>Bild 47</u>: Layoutvariante III für den gegebenen Schmiedearbeits-
platz, Zykluszeit: 18,6s

9.1.8 Vergleich der erarbeiteten Lösungen

Die drei Lösungsvarianten wurden abschließend in einer Nutzwertanalyse verglichen, wobei die folgenden Kriterien zur Bewertung
herangezogen wurden:

- Investitionskosten
- Taktzeit
- Zugänglichkeit
- Umrüstbarkeit

- Platzbedarf
- Arbeitsbedingungen für verbleibendes Personal
- Sicherheit
- Zuverlässigkeit

Das Ergebnis der Nutzwertanalyse zeigt (<u>Bild 48</u>), daß unter den gegebenen Bedingungen die Lösung II die schlechteste Alternative ist. Dies liegt zum einen an den höheren Investitionskosten, zum anderen an der schlechteren Zugänglichkeit zur Schmiedepresse bei Wartungs- und Reparaturarbeiten.

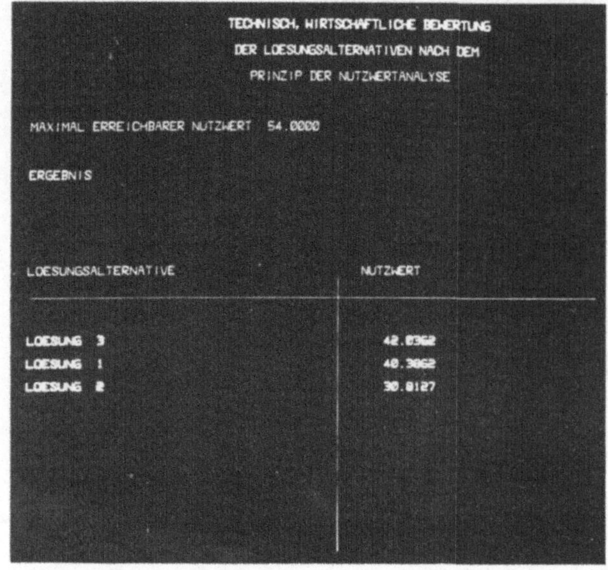

<u>Bild 48</u>: Ergebnis der Bewertung der drei Lösungsalternativen

Bei den Lösungen I und III sind die Vor- und Nachteile bezüglich
der gewählten Beurteilungskriterien fast ausgeglichen. Im wesentlichen unterscheiden sich die Lösungen im Hinblick auf den Um-
rüstaufwand und die Zugänglichkeit zur Abgratpresse. Während
Lösung I hinsichtlich des ersten Kriteriums günstiger ist, weist
die Lösung III beim zweiten Kriterium Vorteile auf. Der Schmiedebetrieb gab schließlich der ersten Lösung aufgrund der ein-
facheren Umrüstmöglichkeit (spezielle Werkstückaufnahmen ent-
fallen) den Vorzug.

__Bild 49__ zeigt eine Teilansicht des automatisierten Arbeitsplatzes. Im Vordergrund ist das Handhabungsgerät, welches zwischen Schmiede- und Abgratpresse angeordnet ist, beim Entladen
der Endform zu sehen. Im Hintergrund ist der Greifer des zweiten
an der Schmiedepresse eingesetzten Handhabungsgerätes erkennbar.
Dieses legt gerade das vorgestauchte Schmiedestück in die Zwischenform ein.

Nach anfänglichen Einfahrschwierigkeiten konnte die Taktzeit
an dem automatisierten Arbeitsplatz auf 2o,1 s bei einem einfach zu schmiedenden Teil und 21,2 s bei einem komplizierteren
Teil gesteigert werden. Die tatsächlichen Taktzeiten weichen
somit im gegebenen Fall nur um 5....7% von dem berechneten Wert
(19,9 s) ab.

Bild 49: Teilansicht des automatisierten Schmiedearbeitsplatzes

9.2 Prüfplatz für elektronische Schaltkarten

9.2.1 Aufgabenstellung

In einem elektronischen Betrieb soll der in **Bild 5o** dargestellte Prüfplatz durch ein bisher an anderer Stelle eingesetztes Handhabungsgerät automatisiert werden.

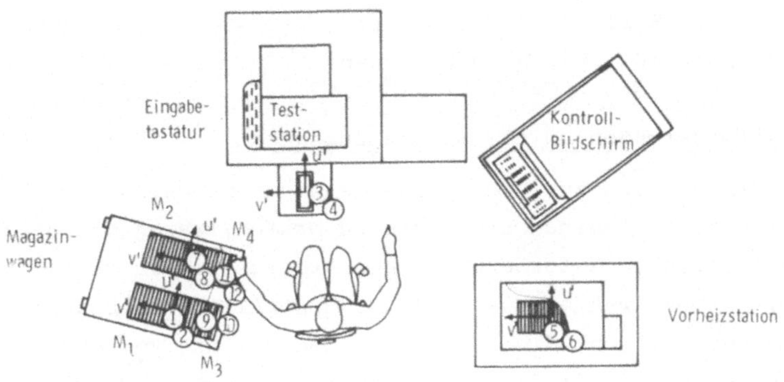

M₁: Magazin für Rohteile M₂: Magazin für Gutteile M₃: Magazin für Schlechtteile (Kalttest) M₄: Magazin für Schlechtteile (Warmtest)	Handhabungszyklen
	Kalttest (gut): Pos 1→Pos 2→Pos 3→Pos 4→Pos 3→Pos 5→Pos 6 " (schlecht): Pos 1→Pos 2→Pos 3→Pos 4→Pos 3→Pos 9→Pos 10 Warmtest (gut): Pos 6→Pos 5→Pos 3→Pos 4→Pos 3→Pos 7→Pos 8 " (schlecht): Pos 6→Pos 5→Pos 3→Pos 4→Pos 3→Pos 11→Pos 12

Bild 5o: Layout des zu automatisierenden Prüfplatzes für elektronische Schaltkarten

An dem Prüfplatz werden Schaltkarten auf ihre Funktionssicherheit bei Raumtemperatur (Kalttest) und bei 5o°C (Warmtest) geprüft. Der Prüfzyklus läuft dabei folgendermaßen ab:

Die Schaltkarten werden einzeln aus einem Rohteilemagazin entnommen und in die Teststation eingegeben. Nach erfolgtem Testvorgang werden sie bei positivem Ergebnis in eine Vorwärmstation gebracht, wo sie in einem fest installierten Magazin gespeichert werden. Bei negativem Ergebnis werden sie in einem speziell für Schlechtteile vorgesehenen Magazin abgelegt. Ist das Rohteilmagazin abgearbeitet, so werden die erwärmten Teile aus der Vorwärmstation entnommen und wieder in die Teststation eingegeben. Entspechend dem jetzt vorliegenden Testergebnis werden sie entweder in das Magazin für Gutteile oder in ein zweites Magazin für Schlechtteile abgelegt. Die Orientierungs-

änderungen, die die Teile während des Zyklusses erfahren, sind
anhand des in Bild 50 eingezeichneten werkstückbezogenen Koordinatensystems U', V', W' zu erkennen.

9.2.2 Anforderungen an das Handhabungsgerät

Um die Eignung des zur Verfügung stehenden Handhabungsgerätes
bezüglich des gegebenen Einsatzes zu prüfen, waren die handhabungsspezifischen Anforderungen des Arbeitsplatzes zu definieren. Hierbei war als wesentliche Restriktion zu beachten,
daß die Teststation, die Vorwärmstation und die verwendeten
Magazine an dem automatisierten Arbeitsplatz ohne Veränderungen
eingesetzt werden sollten. Die Anordnung der Arbeitsplatzelemente war jedoch frei wählbar. Sie unterlag keinen räumlichen
Einschränkungen. Unter diesen Bedingungen konnten aufgrund einer
Istzustandsanalyse die folgenden Anforderungen an das PHG formuliert werden:

- Positionierfehler $\leq$ o,5 mm
- Greiferschwenkbewegung um A- und B-Achse oder um
  C-Achse erforderlich (vergl. Bild 5o)
- nur elektrischer Antrieb zulässig (aufgrund labor-
  mäßiger Umgebungsbedingungen)
- Anzahl der speicherbaren Programmschritte $\geq$ 6oo

Durch Vergleich dieser Anforderungen mit den entsprechenden Geräteeigenschaften -diese können direkt von der PHG-Datenbank ab-
gerufen und auf dem Bildschirm dargestellt werden (Bild 51) -
zeigte sich, daß das gegebene Gerät für den Einsatz geeignet war.
Die weitere Planung zielte daher auf die Optimierung dieser speziellen Geräteanwendung ab.

9.2.3 Alternative Lösungsmöglichkeiten

Im Mittelpunkt der Lösungsausarbeitung stand die Frage nach der
geeigneten Greiferausführung und dem handhabungstechnisch optimalen Layout. Zunächst wurde das Gerät mit der technisch weniger
aufwendigen Einfachgreiferausführung gewählt und hierfür alternative Layoutgestaltungsmöglichkeiten entworfen. Als die gün-

stigste Alternative erwies sich in diesem Fall eine kreisförmige
Anordnung der Arbeitsplatzelemente. Die berechneten Zykluszeiten
(21,6 s beim Kalttest, 22,4 s beim Warmtest) zeigten jedoch, daß
bei dieser Lösung die Ausbringungsrate des manuell bedienten Arbeitsplatzes (4 Stck/min) bei weitem nicht erreicht werden kann.
Die Ursache für die Taktzeitverlängerung gegenüber dem manuellen
Zustand ist in der langen Wartezeit des Handhabungsgerätes während des Testvorganges (Dauer ca. 8 s) zu sehen.

1.	HERSTELLER		33.	GREIFERBEWEGUNGEN	AB
2.	URSPRUNGSLAND	SCHWEDEN	34.	GREIFER X DELTA (MM)	0.0000
3.	VERTRETUNG FUER BRD	ASEA	35.	GREIFER X POS (--)	0.0000
4.	ORT VERTRETUNG	FRIEDBERG	36.	GREIFER Y DELTA (MM)	0.0000
5.	LAND VERTRETUNG	DEUTSCHLAN	37.	GREIFER Y POS (--)	0.0000
6.	KARTENDATUM		38.	GREIFER Z DELTA (MM)	0.0000
			39.	GREIFER Z POS (--)	0.0000
8.	TYPENBEZEICHNUNG	IRB 6	40.	GREIFER A DELTA (GRD)	360.0000
9.	ART DER KINEMATIK	GELENK	41.	GREIFER A POS (---)	999.0000
10.	X DELTA (MM)	670.0000	42.	GREIFER B DELTA (GRD)	360.0000
11.	X MAX (MM)	950.0000	43.	GREIFER B POS (---)	999.0000
12.	X POS (--)	999.0000	44.	GREIFER C DELTA (GRD)	0.0000
13.	X POS FEHL.MAX (MM)	0.2000	45.	GREIFER C POS (---)	0.0000
14.	X GESCHW.MAX (MM/S)	750.0000	46.	TRAGLAST NORM. (KG)	6.0000
15.	Y DELTA (MM)	0.0000	47.	TRAGLAST MAX. (KG)	6.0000
16.	Y MAX (MM)	0.0000	48.	SENSOREN	0.0000
17.	Y POS (--)	0.0000	49.	ANTRIEBSART	ELEKTRIK
18.	Y POS FEHL.MAX (MM)	0.0000	50.	STEUERUNGSART	CP/PTP
19.	Y GESCHW.MAX (MM/S)	0.0000	51.	PROGR.ART SCHALT	ANF.SPEICH
20.	Z DELTA (MM)	804.0000	52.	PROGR.ART WEG	ANF.SPEICH
21.	Z MAX (MM)	1410.0000	53.	PROGSPEICHER SCHALT	MAGNETBAND
22.	Z POS (--)	999.0000	54.	PROGSPEICHER WEG	MAGNETBAND
23.	Z POS FEHL.MAX (MM)	0.2000	55.	PROGRAMM SCHRITTE	250.0000
24.	Z GESCHW.MAX (MM/S)	1100.0000	56.	SUBROUTINES	0.0000
25.	B DELTA (GRD)	0.0000	57.	WEGMESS SYSTEM	
26.	B POS (---)	0.0000	58.	PREIS IN TDM	140
27.	B POS FEHL.MAX (GRD)	0.0000	59.	BEMERKUNG	PROGR.SPEI
28.	B GESCHW.MAX (GRD/S)	0.0000			CHER AUF 5
29.	C DELTA (GRD)	340.0000			00 SCHR. E
30.	C POS (---)	999.0000			RWEITERBAR
31.	C POS FEHL.MAX (GRD)	0.2000			
32.	C GESCHW.MAX (GRD/S)	95.0000			

DATENAUSGABE   DATENAUSGABE

Bild 51: Darstellung der PHG-Merkmalsausprägungen auf dem
graphischen Bildschirm

Durch den Einsatz eines Doppelgreifers bietet sich die Möglichkeit, auch die Testzeit für Handhabungsvorgänge zu nutzen. Eine
Simulation des Gerätes in Doppelgreiferausfertigung (Bild 52)
zeigte, daß in diesem Fall eine Taktzeitverkürzung von jeweils
7,0 Sekunden möglich ist. Es würde hiermit die Ausbringungsrate
bei manueller Bedienung erreicht. Als Alternative zum Doppelgreifereinsatz wurde die Möglichkeit betrachtet, den Kartenein-
zug an dem Testautomaten mittels eines Drehtisches zu realisieren. Diese im Bild 53 dargestellte Lösung erwies sich im Hinblick auf die erzielbare Ausbringungsrate als noch günstiger.
In diesem Fall wurden Zykluszeiten von 13,6 s für den Kalttest
und 14,4 s für den Warmtest berechnet.

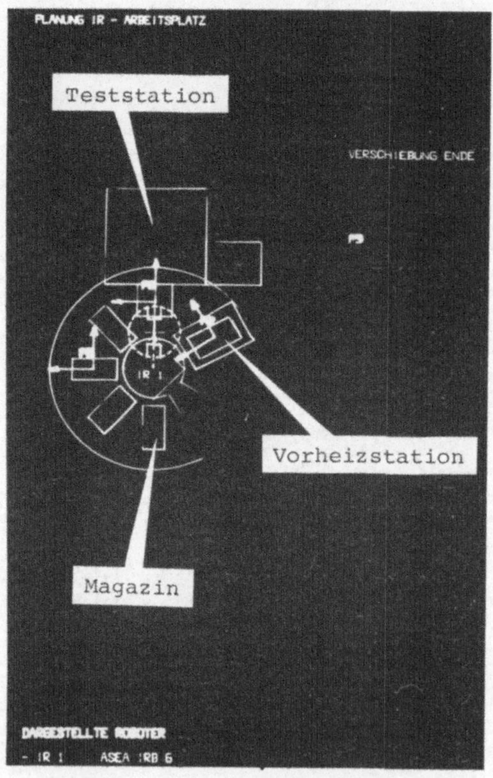

Bild 52: Einsatz des PHG in Doppelgreiferausführung an dem gegebenen Arbeitsplatz - berechnete Taktzeit beim Warm-
test:15,4 s

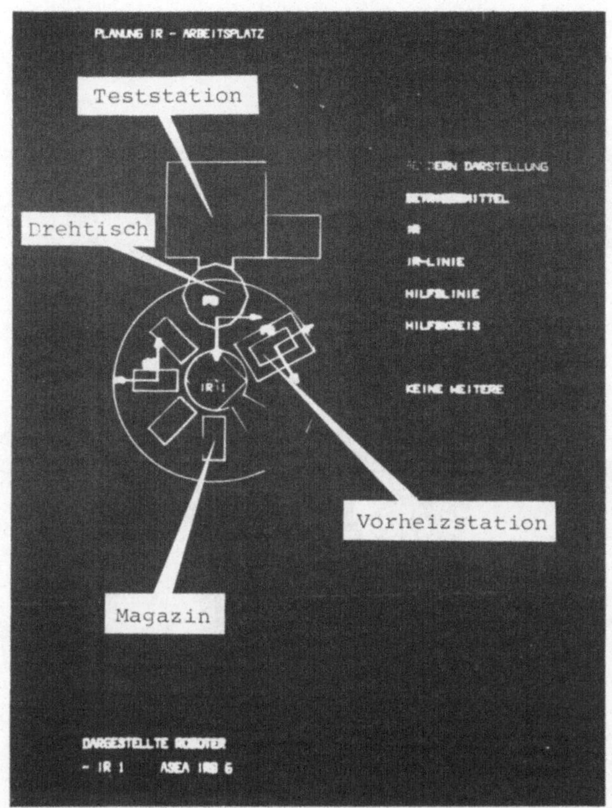

Bild 53: Einsatz des PHG in Einfachgreiferausführung an dem
gegebenen Prüfplatz bei automatisiertem Kartenein-
zug - berechnete Taktzeit beim Warmtest: 14,4 s

Aufgrund der kürzeren Zykluszeiten wurde dieser Lösung der Vorzug gegeben. Bei ihrer Realisierung konnten die berechneten Zeiten fast erreicht werden. Im Durchschnitt liegen die tatsächlichen Zykluszeiten um 1 bis 2% über den berechneten Werten. Es
konnte somit auch in diesem Fall durch die Rechnersimulation
die zu erwartende Ausbringung zuverlässig vorhergesagt werden.

In <u>Bild 54</u> ist das eingesetzte Handhabungsgerät beim Entladen des Rohteilmagazins dargestellt.

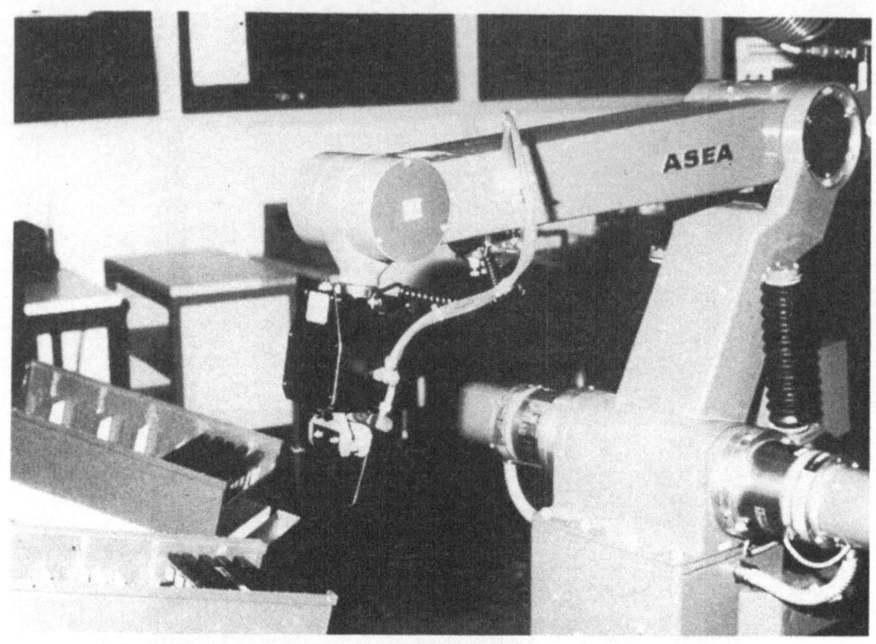

<u>Bild 54</u>: Einsatz des Handhabungsgerätes ASEA IRB 6 an dem
automatisierten Prüfplatz

9.3 Folgerungen aus den durchgeführten Planungen

Die angeführten Beispiele veranschaulichen die Leistungsfähigkeit der entwickelten rechnerunterstützten Planungsmethode. So können durch Anwendung dieser Methode die Ausbringungsrate und weitere wesentliche Kenngrößen des automatisierten Gesamtsystems mit hoher Zuverlässigkeit vorhergesagt werden.

Daneben führt der Rechnereinsatz im gegebenen Fall zu einer deutlichen Reduzierung des Planungsaufwandes. Die Bearbeitung

der Planungsbeispiele beanspruchte bei Nutzung der dargestellten Hilfen sieben bzw. fünf Tage.

Ein ähnlicher Zeitbedarf ergab sich bei der Bearbeitung weiterer Einsatzfälle im Schmiedebetrieb /41, 42/, in der spanenden Bearbeitung /43/ und allgemein in der Mehrmaschinen-
bedienung. Bei manueller Vorgehensweise erfordert eine ähnlich detaillierte Planung eines PHG-Einsatzes mindestens ein
bis zwei Mannmonate. Dies zeigen eigene Erfahrungen aus der
Durchführung von Planungsprojekten für die Industrie und
wird durch Aussagen von Geräteanwendern und Herstellern bestätigt.

Das Ausmaß der durch den Rechnereinsatz erzielten Zeiter-
sparnis wird bei einer Betrachtung der Tätigkeitsinhalte der
einzelnen Planungsaufgaben plausibel (vergl. Bild 9). Den
größten Zeitaufwand erfordern bei der Einsatzplanung die re-
produktiven, schematischen Tätigkeiten, wie beispielsweise
das Ausführen wiederkehrender Berechnungen oder die Auswahl
geeigneter Geräte aus Katalogen. Der Zeitaufwand für diese
Tätigkeiten kann mit ca. 5o ....6o% des gesamten Arbeitsauf-
wandes angesetzt werden. Bei der rechnerunterstützten Bearbeitung werden diese Arbeiten automatisch ausgeführt, so daß
der Planer von ihnen vollkommen entlastet wird. Von den verbleibenden Tätigkeiten können eine Vielzahl durch die dialogmäßige Bearbeitungsweise sehr viel schneller gelöst werden.
Beispielsweise beansprucht die Layoutplanung höchstens noch
ein Viertel des ursprünglichen Zeitbedarfes. So sind für den
Entwurf einer neuen Layoutvariante am Bildschirm maximal fünf
Minuten erforderlich, während für diesen Vorgang ohne Rechnereinsatz 2o bis 3o Minuten zu veranschlagen sind. Von dem Rechnereinsatz unbeeinflußt bleiben nur die Arbeiten mit einem
hohen geistig-schöpferischen Tätigkeitsinhalt, wie beispielsweise die Konzeption alternativer Systemlösungen oder der Entwurf spezieller peripherer Einrichtungen.

9.3.1 Nutzungsmöglichkeiten des Dialog-Planungsverfahrens zur Lösung verwandter Probleme

Beim Aufbau des Dialog-Planungsverfahrens wurden eine Vielzahl von Verzweigungsmöglichkeiten vorgesehen, um den Planungsablauf stets optimal an die Anforderungen des jeweiligen Anwendungsfalles anpassen zu können. Diese flexible Programmstruktur schafft die wesentliche Voraussetzung für die Anwendung des Planungsverfahrens auf problemverwandten Gebieten.

Das entwickelte Planungsverfahren kann ohne wesentliche Änderungen auch für die Einsatzplanung von Einlegegeräten und Manipulatoren genutzt werden, sofern die Kinematik der zu verplanenden Geräte einer der vier im Programmsystem vorgesehenen Achskombinationen entspricht. Die zusätzlich erforderlichen Arbeiten wären in diesen Fällen gering. Sie beschränken sich in der Hauptsache auf die Einrichtung der entsprechenden Gerätedateien sowie der Anpassung der technisch-wirtschaftlichen Einsatzkriterien an die speziellen Geräteeigenschaften.

Wichtige Bestandteile des Planungsverfahrens, wie das Layoutplanungsprogramm PLAGAW und das Simulationsprogramm SIMLEP haben eine noch wesentlich größere Anwendungsbreite. Diese Programme können auch zur Optimierung eines manuell bedienten Arbeitsplatzes eingesetzt werden. Voraussetzung wäre in diesem Fall, daß in ähnlicher Weise, wie es für die Handhabungsgeräte geschehen ist, das Bewegungsverhalten des Menschen durch ein mathematisches Modell beschrieben wird.

Mit der Ausdehnung auf manuell bediente Arbeitsplätze würde sich die Einsatzmöglichkeit des Dialog-Planungsverfahrens nicht mehr auf den Bereich der industriellen Fertigung beschränken, sondern könnte überall dort Verwendung finden, wo vom Menschen mehrere Einrichtungen zeitsparend bedient werden müßten, beispielsweise in Labors, Werkstätten und Rechenzentren.

9.3.2 Grenzen des Dialog-Planungsverfahrens

Auch wenn das Dialog-Planungsverfahren unter dem Gesichtspunkt der universellen Anwendbarkeit entwickelt wurde, gibt es natürlicherweise bestimmte Grenzen, die den Anwendungsbereich einschränken.

Die wichtigste Einschränkung ist darin zu sehen, daß in dem Planungsprozeß nur solche Handhabungsgeräte Berücksichtigung finden können, deren kinematischer Aufbau einer der vier im Programmsystem vorgesehenen Hauptachsenkombinationen entspricht. Eine Berücksichtigung der wenigen auf dem Markt angebotenen Geräte mit abweichender Kinematik (vergl. Kap. 2.1.2) lohnte bisher nicht. Sollte jedoch ihre Anzahl mit fortschreitender Entwicklung zunehmen und sich hierbei neue charakteristische Achsenkombinationen herausbilden, kann eine entsprechende Erweiterung des Programmsystems problemlos durchgeführt werden.

Andere wesentliche Limitierungen hinsichtlich der praktischen Einsatzmöglichkeit des Planungsverfahrens ergeben sich aufgrund der Konfiguration der eingesetzten Rechenanlage. Die geringe Zentralspeicherkapazität zwang zu einer engen Dimensionierung der Datenfelder. Es können aus diesem Grunde bei der Planung nur zehn Fertigungsmittel und drei PHG gleichzeitig berücksichtigt werden. Gilt es größere Arbeitssysteme zu planen, so muß das Gesamtsystem in Teilsysteme der vorgegebenen Größe aufgeteilt werden.

Aufgrund der gegebenen Systemkonfiguration sind auch die Darstellungsmöglichkeiten auf dem Bildschirm beschränkt. In dem Programmsystem konnte nur eine Grundrißdarstellung des Arbeitsplatzes vorgesehen werden. Eine zur Veranschaulichung der Planungsergebnisse erstrebenswerte drei-dimensionale Darstellung oder ergänzende Aufrißdarstellung scheiterte gleichfalls an der Größe des Zentralspeichers. Bei der Implementierung des Programmsystems auf einer leistungsfähigeren Anlage könnten entsprechende Erweiterungen mit relativ geringem Aufwand vorgenommen werden, da das Programmsystem streng in Bilddarstellungs- und Berechnungsblöcke getrennt wurde.

<u>1o Zusammenfassung</u>

Die Automatisierung der Werkstückhandhabung mittels programmierbarer Handhabungsgeräte stellt aufgrund der Vielfalt der zu behandelnden Teilaufgaben und ihrer interdisziplinären Zusammenhänge eine sehr komplexe, zeitaufwendige Planungsaufgabe dar.
Zur Lösung dieser Aufgabe wurden bislang nur wenige Hilfsmittel
angeboten. Zur Zeit gründet sich die Einsatzplanung programmierbarer Handhabungsgeräte im wesentlichen auf den praktischen Erfahrungen des jeweiligen Bearbeiters. Dies führt häufig zu einer
frühzeitigen Einschränkung des Lösungsfeldes und damit zu einem
technisch und wirtschaftlich nicht befriedigenden Gesamtergebnis.

Diese Ausgangslage sprach für die Entwicklung einer systematischen, rechnerunterstützten Methode zur Einsatzplanung. Durch
eine solche Methode wird die Planung reproduzierbar, wesentlich
schneller und unabhängiger von dem Wissensstand des jeweiligen
Bearbeiters.

Grundlage für die Entwicklung der rechnerunterstützten Planungsmethode bildete eine detaillierte Analyse sämtlicher im Rahmen
der Einsatzplanung zu lösender Teilaufgaben sowie ihrer funktionellen Abhängigkeiten. Als Ergebnis dieser Analyse wurde eine
systematische, allgemein für die Automatisierung von Handhabungsvorgängen anwendbare Vorgehensweise abgeleitet. Diese ist in vier
Stufen gegliedert:

  - Aufnahme des Istzustandes und Beurteilung der Auto-
    matisierbarkeit des gegebenen Arbeitsplatzes nach
    technischen und wirtschaftlichen Gesichtspunkten.
  - Aufstellen der Funktionsstrukturen für die zu auto-
    matisierenden Handhabungsabläufe und Suchen nach
    geeigneten Lösungsprinzipien.
  - Ausarbeiten der Lösungsprinzipien zu technischen Ge-
    samtlösungen. Diese Planungsphase umfaßt u.a. die
    Auswahl des PHG und der Peripherie, die Layoutpla-
    nung und die Automatisierung der gegebenen Ferti-
    gungsmittel.

- Bewerten der ausgearbeiteten Lösungen nach technischen,
  wirtschaftlichen und humanen Kriterien.

Eine Untersuchung der Teilaufgaben der Einsatzplanung hinsichtlich ihrer Tätigkeitsinhalte zeigte, daß im gegebenen Fall aufgrund eines hohen Anteils an geistig-schöpferischen Tätigkeiten
eine weitgehende rechnerunterstützte Bearbeitung nur mit Hilfe
eines Dialog-Planungsverfahrens möglich ist.

Ein entsprechendes Verfahren wurde auf der Basis eines detaillierten Anforderungskataloges erarbeitet. In das Verfahren
wurden sämtliche Teilaufgaben integriert, die in einem direkten
Zusammenhang mit der Geräteanwendung stehen. Ausgespart von der
rechnerunterstützten Bearbeitung wurden die fertigungsmittelbezogenen Planungsaufgaben sowie die Überprüfung alternativer
technischer Lösungen zum PHG-Einsatz. Diese Aufgabenfelder weisen eine zu große Variationsbreite auf, als daß für ihre Bearbeitung eine allgemeingültige Vorgehensweise mit ausreichendem
Detaillierungsgrad erarbeitet werden könnte. Schwerpunkte des
entwickelten Dialog-Planungsverfahrens stellen:

- die rechnerunterstützte Auswertung der Arbeitsplatzanalyse,
- die Geräteauswahl,
- die Layoutplanung und
- die Simulation des Gesamtsystemverhaltens

dar.

Die Auswertung der Analysedaten geschieht in zwei Stufen. Zunächst wird anhand von Kriterienkatalogen, die sowohl technisch-
wirtschaftliche als auch humane Indikatoren enthalten, die
Zweckmäßigkeit der Automatisierung des gegebenen Arbeitsplatzes
mittels programmierbarer Handhabungsgeräte beurteilt. Anschließend werden die am Arbeitsplatz bei einer Automatisierung vor-
zunehmenden Änderungsmaßnahmen spezifiziert sowie die Anforderungen an geeignete PHG und periphere Einrichtungen in Pflichten-
hefte zusammengefaßt.

Die Geräteauswahl wird gleichfalls zweistufig durchgeführt. Eine
Vorauswahl geschieht vor der Layoutplanung anhand derjenigen Anforderungen, die von der Layoutplanung unabhängig sind. Die endgültige Auswahl wird in Verbindung mit der Layoutplanung getrof-
fen. Basis für die Geräteauswahl stellen Rechnerdateien dar, in
denen die charakteristischen Merkmale sämtlicher auf dem europäischen Markt angebotenen PHG und Ordnungseinrichtungen gespeichert sind.

Zur Layoutplanung sowie für weitere Aufgaben, die die visuelle
Kontrolle des Planers erfordern, wird ein interaktiver, graphischer Bildschirm eingesetzt. Dieser gibt dem Planer die Möglichkeit, mittels eines Lichtgriffels die dargestellte Lösung
direkt abzuändern und die Auswirkungen dieser Eingriffe auf wichtige Zielgrößen wie die Ausbringung, die Zugänglichkeit und die
Sicherheit zu kontrollieren.

Die Systemsimulation dient zur Optimierung von Arbeitsplätzen,
an denen aufgrund des Fertigungsablaufes keine starre Bedienfolge
für das Handhabungsgerät vorgegeben ist. Mit Hilfe der geschaffenen Simulationsprogramme können verschiedene Bedienstrategien
ausgetestet sowie das Verhältnis zwischen eingesetzten Handhabungsgeräten und zu bedienenden Fertigungsmitteln optimiert
werden. Hierzu werden im Hinblick auf jede Systemkonfiguration
die Ausbringungsrate der einzelnen Fertigungsmittel, die Verfahrzeiten der Handhabungsgeräte sowie die Nutzungsgrade sämtlicher Arbeitsplatzelemente berechnet.

Die Leistungsfähigkeit und der Ablauf des Dialog-Planungsverfahrens wird an zwei Beispielen demonstriert, die als repräsentativ
für die Verhältnisse betrieblicher Planungspraxis angesehen werden können. Die Beispiele beweisen, daß die rechnerunterstützt
gewonnenen Planungsergebnisse nur geringfügig von den bei einer
Realisierung der Einsatzfälle erzielten Werten abweichen. Weiterhin zeigen sie, daß durch den Rechnereinsatz der Planungsaufwand
gegenüber der manuellen Vorgehensweise erheblich reduziert werden
kann.

Insgesamt versetzt das entwickelte Planungsverfahren Unternehmen in die Lage, den Einsatz von programmierbaren Handhabungsgeräten auf dem Gebiet der Werkstückhandhabung zeitsparend und systematisch zu planen. Durch die Orientierung an käuflichen Handhabungsgeräten ist gewährleistet, daß mit Hilfe des Planungsverfahrens stets sehr praxisnahe Lösungen entwickelt werden, deren wirtschaftliches Risiko mit großer Wahrscheinlichkeit vorhergesagt werden kann.

11 Literaturverzeichnis

1. Herrmann, G.

   Analyse von Handhabungsvorgängen im Hinblick auf deren Anforderungen an programmierbare Handhabungsgeräte (PHG) in der Teilefertigung.
   Dr.-Ing.-Dissertation Universität Stuttgart, 1976.

2. Warnecke, H.-J.;
   Nicolaisen, P.

   52o Industrie-Roboter in Deutschland
   VDI-Nachrichten (1978) Nr. 14, S. 2.

3. Schraft, R.D.;
   Schweizer, M.

   Amerika im Roboter-Boom.
   VDI-Nachrichten (198o) Nr. 52, S. 12-13.

4. Foith, J.P.;
   Ossenberg, K.

   Optischer Sensor zur Erkennung von Werkstücken auf einem Förderband - realisiert mit einem modularen System.
   FhG-Berichte 1/2 (1979), S. 3o-33.

5. Karg, R.;
   Lanz, O.E.

   Experimental Results With A Versatile Optoelectronic Sensor In Industrial Applications.
   Proc. of 9th International Symposium on Industrial Robots, Washington,D.C., 1979, S. 247-264.

6. Dodd, G.;
   Rossol, L.

   Computer Vision And Sensor-Based Robots.
   New York, London: Plenum Press 1979.

7. Schweizer, M.

   Taktile Sensoren für programmierbare Handhabungsgeräte.
   Dr.-Ing.-Dissertation Universität Stuttgart, 1978.

8. Schmieder, L.   Computer Controlled Manipulators With
Tactile-Sensors.
Proc. of 3rd IFAC/IFIP Symposium on
Control Problems and Devices in Manu-
facturing Technology, Budapest, 1980,
S. 181-184.

9. Nevins, J.L.;   Assembly Research.
Whitney, D.E.   Proc. of 2nd IFAC/IFIP Symposium on
Control Problems and Devices in Manu-
facturing Technology, Stuttgart, 1980.

1o. Warnecke, H.-J.; Industrieroboter.
Schraft, R.D.   Mainz: Krausskopf-Verlag, 1973.

11. Auer, B.H.   Beitrag zur Steigerung der Flexibilität
von Handhabungseinrichtungen im Bereich
der Einzel- und Kleinserienfertigung.
Dr.-Ing.-Dissertation Technische Universität Berlin, 1977.

12. Schraft, R.D.   Systematisches Auswählen und Konzipieren
von programmgesteuerten Handhabungsge-
räten.
Dr.-Ing.-Dissertation Universität
Stuttgart, 1977.

13. Warnecke, H.-J.; Industrieroboter Katalogband.
Schraft, R.D.   Mainz: Krausskopf-Verlag 1980.

14. Sandfort, W.;   Studie zur Ermittlung neuer Einsatzbe-
Schulz, E.;   reiche für Handhabungssysteme.
Volkholz, V.; u.a. Schlußbericht zum gleichnamigen Forschungsvorhaben des Bundesministeriums
für Forschung und Technologie, April 1979.

15. Hesse, S.;   Verkettungseinrichtungen in der
    Zapf, H.   Fertigungstechnik.
                       München: Hanser-Verlag 1971.

16. Warnecke, H.-J.;   Katalog Zubringeeinrichtungen.
    Weiß, K.   Mainz: Krausskopf-Verlag, 1978.

17. Schimke, E.-F.   Planung von Handhabungssystemen.
                       Dr.-Ing.-Dissertation Technische
                       Hochschule Aachen, 1978.

18. Feldmann, K.   Beitrag zur Konstruktionsoptimierung
                       von automatischen Drehmaschinen.
                       Dr.-Ing.-Dissertation Technische
                       Universität Berlin, 1974.

19. Hasegawa, Y.;   A Computer-Aided Robot Operation
    Masaki, I.;   System Design.
    Iwasawa, M.   Proc. of 5th International Symposium
                       on Industrial Robots, Chicago, 1975,
                       S. 2o3-213.

2o. Liégeois, A.;   A System For Computer-Aided Design
    Fournier, M.;   Of Robots And Manipulators.
    Aldon, M.J.;   Proc. of 1oth International Symposium
    Borrel,P.   on Industrial Robots, Mailand, 198o,
                       S. 441-451.

21. Pfeiffer, W.;   Einflußgrößen und Entscheidungsrech-
    Randolph, R.   nungen für die Einsatzplanung von
                       Handlinggeräten.
                       Bericht der Forschungsgruppe für
                       Innovation und technologische Voraus-
                       sage der Universität Erlangen - Nürn-
                       berg, 1976.

22. Otto, D.

Planung und Einsatz von Industrierobotern zur Beseitigung von schwerer,
gesundheitsgefährdender und monotoner
Arbeit.
die Technik (1979) Nr. 4, S. 2o2-21o.

23. Auer, B.H. u.a.

Industrieroboter und ihr praktischer
Einsatz.
Kontakt + Studium; Bd. 36.
Grafenau: Lexika-Verlag, 1979.

24. Heginbotham, W.B.;
Dooner, M.;
Case, K.

Rapid Assessment Of Industrial Robots
Performance By Interactive Computer
Graphics.
Proc. of 9th International Symposium
on Industrial Robots, Washington, D.C.,
1979, S. 563-574.

25. Heginbotham, W.B.;
Dooner, M.;
Kennedy, P.N.

Analysis Of Industrial Robot Behaviour
By Computer Graphics.
3rd CISM-IFTOMM Symposium on Theory and
Practice of Robots and Manipulators,
Udine, 1978.

26. Herrmann, G. in:

Neue Handhabungssysteme als technische
Hilfen für den Arbeitsprozeß.
Abschlußbericht (Teil 1) zum gleichnamigen Forschungsvorhaben des Bundesministeriums für Forschung und Technologie, November 1979.

27. Brodbeck, B.;
Schmidt-Streier, U.
in:

Neue Handhabungssysteme als technische
Hilfe für den Arbeitsprozeß.
Abschlußbericht (Teil 2) zum gleichnamigen Forschungsvorhaben des Bundesministeriums für Forschung und Technologie, Juli 198o.

28. Warnecke, H.-J.;   Industrieroboter.
    Schraft, R.D.   Mainz: Krausskopf-Verlag, 1979.

29. Konold, P.;   Arbeitssystem Elemente Katalog -
    Kern, H.;   Hilfsmittel zur Planung von Ar-
    Reger, H.   beitsplätzen.
                        Mainz: Krausskopf-Verlag, 1977.

3o. Zangemeister, L.   Grundzüge der Nutzwertanalyse in
                        der Systemtechnik.
                        München: Wittemannsche Buchhand-
                        lung, 197o.

31. Warnecke, H.-J.;   Handhabungsgerechte Gestaltung von
    Herrmann, G.   Werkzeugmaschinen.
                        wt-Z. ind. Fertigung 65 (1975),
                        S. 275-28o.

32. Gnedenko, B.W.;   Einführung in die Bedientheorie.
    Kowalenko, I.N.   München: Oldenbourg Verlag, 1971.

33. Taha, H.   Operations Research.
                        New York: Macmillan Company, 1971.

34. Conolly, B.   Future Notes On Queuing Systems.
                        New York, London: John Wiley & Sons,
                        1975.

35. Schöne, A.   Simulation technischer Systeme. Band 3.
                        München, Wien: Hanser-Verlag, 1974.

36. Niemeyer, G.   Systemsimulation.
                        Frankfurt: Akad.-Verlags-Gesellschaft,
                        197o.

37. Blohm, H.;   Investition.
    Lüder, K.   München: Vahlen-Verlag, 1978.

38. Bronner, A.   Vereinfachte Wirtschaftlichkeits-
                         rechnung.
                         Braunschweig: Vieweg-Verlag, 1971.

39. Brodbeck, B.   Wirtschaftlichkeitsrechnung bei der
                         Automatisierung der Handhabung am
                         Beispiel eines Industrieroboter-
                         Einsatzes.
                         montage- und handhabungstechnik (mht)
                         (1975) Nr. 3, S. 117-119.

4o. Schiefelbusch, H.   Wirtschaftlichkeitsfragen zum Einsatz
                         von Industrierobotern.
                         fördern und heben (Fachteil mht)
                         (1977) Nr. 1o, S. 78-81.

41. Schmidt-Streier, U.   Computer Aided Interactive Planning Of
                         The Application Of Industrial Robots.
                         Proc. of 3rd IFAC/IFIP Symposium on
                         Control Problems and Devices in Manu-
                         facturing Technology, Budapest, 1980,
                         S. 2o3-2o7.

42. Schmidt-Streier, U.   Einsatzplanung von Industrierobotern.
                         Technische Rundschau (1980) Nr. 27,
                         S. 21-23.

43. Warnecke, H.-J.;   Computer Graphics Planning Of Industrial
    Schraft, R.D.;   Robot Application.
    Schmidt-Streier, U.   Proc. of 3rd CISM-IFTOMM Symposium on
                         Theory and Practice of Robots and Mani-
                         pulators, Udine, 1978.

A 1 Programm zur Auswertung der Arbeitsplatzanalysen und zur Geräteauswahl

Kurzbeschreibung der Programme:

(H) = Hauptprogramm
(S) = Unterprogramm (Subroutine)
(O) = Overlayprogramm

Teil 1 : Arbeitsplatzanalyse

ABFALL   (S) : Das Programm ABFALL überprüft aufgrund der
                 Ergebnisse der Arbeitsplatzanalyse, ob in
                 bezug auf die einzelnen Fertigungsmittel die
                 Notwendigkeit zur Automatisierung der Abfall-
                 abfuhr besteht und gibt entsprechende Ände-
                 rungsvorschläge über Bildschirm aus.

ANTR   (S) : Das Programm ANTR stellt aufgrund der Ergeb-
                 nisse der Arbeitsplatzanalyse die in bezug
                 auf die einzelnen Fertigungsmittel zu auto-
                 matisierenden Antriebsfunktionen zusammen
                 und listet diese auf dem Bildschirm auf.

ARBANA   (H)* : Das Programm ARBANA steuert den gesamten Pro-
                 grammablauf zur Dokumentation und Auswertung
                 der Ergebnisse der Arbeitsplatzanalyse.

BEARBF   (S) : Das Programm BEARBF überprüft, ob die V -
                 kettung mehrerer Arbeitsplätze bei einer Auto-
                 matisierung möglich ist, und gibt entsprechen-
                 de Vorschläge über den Bildschirm aus.

BLATT   (S) : Über das Programm BLATT wird der Kopf der
                 Analysenblätter auf dem Bildschirm darge-
                 stellt.

*Vergl. Flußdiagramm auf S. 153

BLATT 1-6 (O) : Die Programme BLATT 1 bis BLATT 6 stellen
                   die entsprechenden Formblätter zur Arbeits-
                   platzanalyse auf dem Bildschirm dar und
                   steuern   die Dateneingabe bezüglich der
                   Merkmale dieser Formblätter.

BLATTA   (O) : Das Programm BLATTA stellt die Formblätter
                   7 bis 12 auf dem Bildschirm dar und steuert
                   die Dateneingabe bezüglich der Merkmale
                   dieser Formblätter.

ERGIN   (S) : Über das Programm ERGIN werden die am
                   Bildschirm eingegebenen Merkmalsausprägungen
                   auf Files abgespeichert.

ERROR   (S) : Über das Programm ERROR kann eine falsche
                   Eingabe am Bildschirm gelöscht werden.

FM 1   (S) : Über das Programm FM 1 wird die Anzahl der
                   zu spezifizierenden Fertigungsmittel fest-
                   gelegt und entsprechend die Bildschirmaus-
                   gabe gestaltet.

GLEICH   (S) : Das Programm GLEICH bietet die Möglichkeit
                   in bezug auf ein nicht quantifizierbares
                   Merkmal mehrere zutreffende Merkmalsausprä-
                   gungen am Bildschirm auszuwählen.

HISTO   (S) : Das Programm HISTO überprüft aufgrund der
                   Ergebnisse der Arbeitsplatzanalyse, ob in
                   bezug auf die einzelnen Fertigungsmittel die
                   Notwendigkeit zur Automatisierung der Hilfs-
                   stoffzufuhr besteht und gibt entsprechende
                   Änderungsvorschläge über Bildschirm aus.

HCHECK   (O) : Das Programm HCHECK berechnet aufgrund der
                   in der Arbeitsplatzanalyse erfaßten Arbeits-
                   bedingungen eine Gesamtbelastungskennziffer
                   zur Beurteilung der Notwendigkeit des PHG-
                   Einsatzes nach Human-Gesichtspunkten.

A 1

INIT 1 (H) : Das Programm INIT 1 liest die Texte der Analysenblätter auf Files.

KONTRO (S) : Das Programm KONTRO stellt aufgrund der
Analysenergebnisse die in bezug auf die einzelnen Fertigungsmittel zu automatisierenden
Prüffunktionen zusammen und listet diese auf
dem Bildschirm auf.

KREUZ (S) : Durch das Programm KREUZ werden die in bezug
auf die nicht quantifizierbaren Merkmale ausgewählten Merkmalsausprägungen auf dem Bildschirm markiert.

NAECHST (S) : Über das Programm NAECHST wird das nächste
zu spezifizierende Merkmal aufgerufen.

OUT (S) : Durch das Programm OUT werden die Ergebnisse
der Arbeitsplatzanalyse auf der Konsolschreibmaschine dokumentiert.

SPANN (S) : Das Programm SPANN stellt aufgrund der Analysenergebnisse die in bezug auf die einzelnen
Fertigungsmittel zu automatisierenden Spann-
funktionen zusammen und gibt diese über Bildschirm aus.

STEUER (S) : Das Programm STEUER stellt aufgrund der Analysenergebnisse die in bezug auf die einzelnen
Fertigungsmittel zu automatisierenden Steue-
rungsfunktionen zusammen und gibt diese über
Bildschirm aus.

SUCHEN (S) : Das Programm SUCHEN sucht Beginn und Ende der
auf Files abgelegten Texte zur Darstellung der
Analysenblätter auf dem Bildschirm.

SUCHX (S) : Das Programm SUCHX sucht die am Bildschirm an-
gekreuzten Merkmalsausprägungen und speichert
diese auf Files ab.

TCHECK   (O) : Im Programm TCHECK werden aus den gewonnen-
                nen Analysenergebnissen die wesentlichen
                technischen Kenndaten ausgewählt und auf-
                grund dieser Daten die technische Realisier-
                barkeit des PHG-Einsatzes abgeschätzt.

TEXTIN   (S) : Das Programm TEXTIN ermöglicht die Eingabe
                von alphanumerischem Text am Bildschirm.

WCHECK   (O) : Im Programm WCHECK werden aus den gewonnenen
                Analysenergebnissen die wesentlichen wirt-
                schaftlichen Kenndaten ausgewählt und auf-
                grund dieser Daten die Wirtschaftlichkeit
                des PHG-Einsatzes abgeschätzt.

WSTKON   (S) : Das Programm WSTKON stellt aufgrund der Ana-
                lysenergebnisse die zu automatisierenden
                Werkstückkontrollfunktionen zusammen und
                listet diese auf dem Bildschirm auf.

Teil 2: Geräteauswahl

BLOCK   (S) : Über das Programm BLOCK werden die im PHG-
                Pflichtenheft zu spezifizierenden Merkmale
                blockweise auf dem Bildschirm dargestellt.
                Weiterhin werden zu den Merkmalen, die direkt
                aufgrund der gegebenen Arbeitsplatzeigen-
                schaften berechnet werden können, die ent-
                sprechenden Berechnungsformeln und Arbeits-
                platzdaten ausgegeben.

BLOZE   (S) : Über das Programm BLOZE bestimmt der Planer,
                ob in bezug auf einen dargestellten Aus-
                schnitt der PHG-Merkmalsliste weitere Merk-
                male zu spezifizieren sind oder der nächste
                Merkmalsblock aufgerufen werden soll.

DATAG   (S) : Das Programm DATAG fragt ab, ob in bezug auf
                ein ausgewähltes Gerät die detaillierten Ge-
                räteeigenschaften auf dem Bildschirm aufge-
                listet werden sollen. (Aufruf bzw. Über-
                springen der Programme IRDATE bzw. ORDDAT).

DATEN 1 (S) : Das Programm DATEN 1 stellt die im Pflichten-
                 heft der Ordnungseinrichtungen zu spezifi-
                 zierenden Merkmale auf dem Bildschirm dar.

IRAWAL   (H)* : Das Programm IRAWAL steuert den Programmab-
                 lauf zur Spezifizierung des PHG-Pflichten-
                 heftes und zur Durchführung der Geräteauswahl.

IRDATE   (S) : Das Programm IRDATE stellt die detaillierten
                 Geräteeigenschaften eines ausgewählten PHG
                 auf dem Bildschirm dar.

IREIN   (H) : Über das Programm IREIN werden die PHG-Daten-
                 sätze auf Files gelesen.

IRWAHL   (S) : Das Programm IRWAHL wählt aus der PHG-Datei
                 die Gerätetypen aus, die den Anforderungen
                 des Pflichtenheftes genügen,und listet diese
                 auf dem Bildschirm auf.

ORDAUS   (S) : Das Programm ORDAUS wählt aus der Datei der
                 Ordnungseinrichtungen die Gerätetypen aus,die
                 den Anforderungen des Pflichtenheftes genü-
                 gen, und listet diese auf dem Bildschirm auf.

ORDDAT   (S) : Das Programm ORDDAT stellt die detaillierten
                 Geräteeigenschaften einer ausgewählten Ord-
                 nungseinrichtung auf dem Bildschirm dar.

ORDEIN   (H) : Über das Programm ORDEIN werden die Datensätze
                 der Ordnungseinrichtungen auf Files gelesen.

ORDWAL   (H) : Das Programm ORDWAL steuert den Programmab-
                 lauf zur Spezifizierung der Anforderungen an
                 die Ordnungseinrichtungen und zur Durchführung
                 der Geräteauswahl.

TEXTON   (S) : Das Programm TEXTON ermöglicht die Eingabe
                 der Geräteanforderungen über die alphanumeri-
                 sche Tastatur.

*Vergl. Flußdiagramm auf S.154

A 1

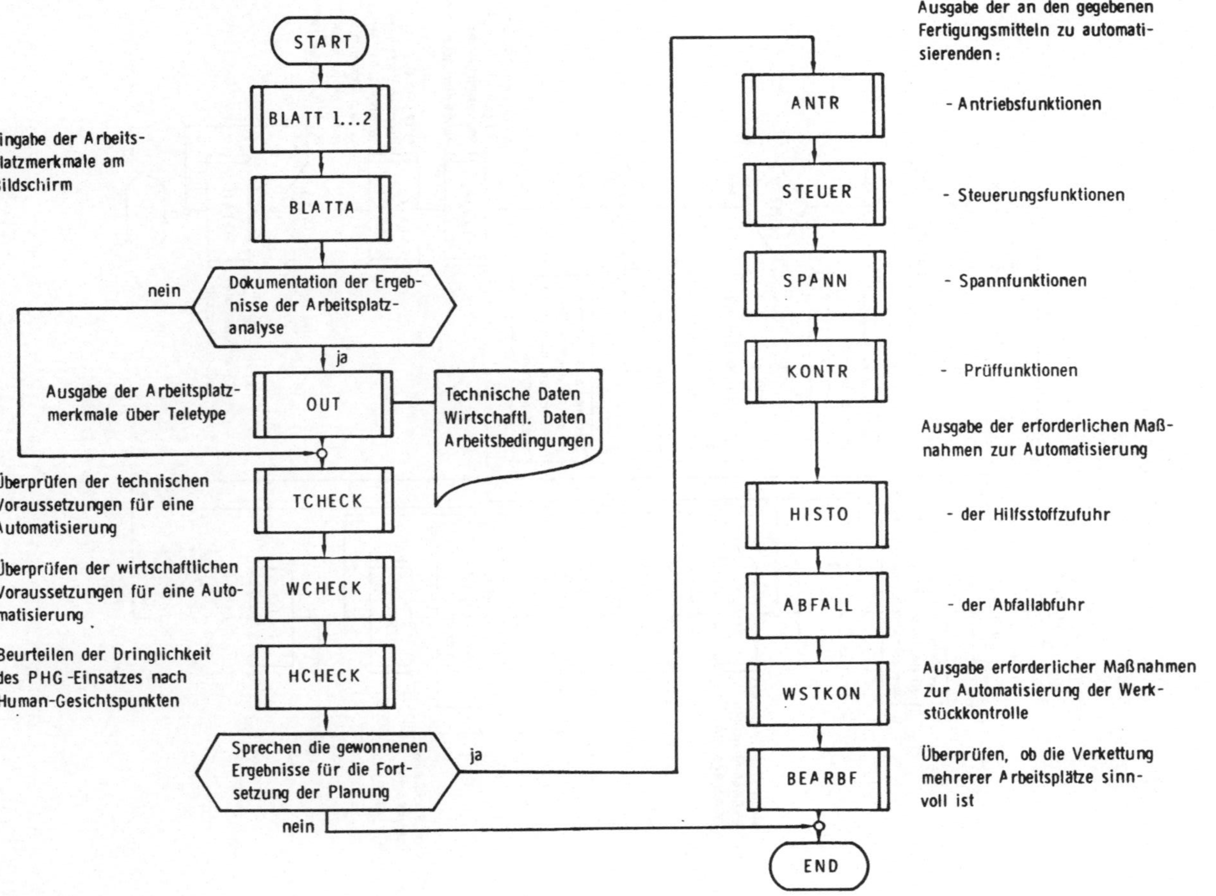

Bild 55: Flußdiagramm des Programmes ARBANA

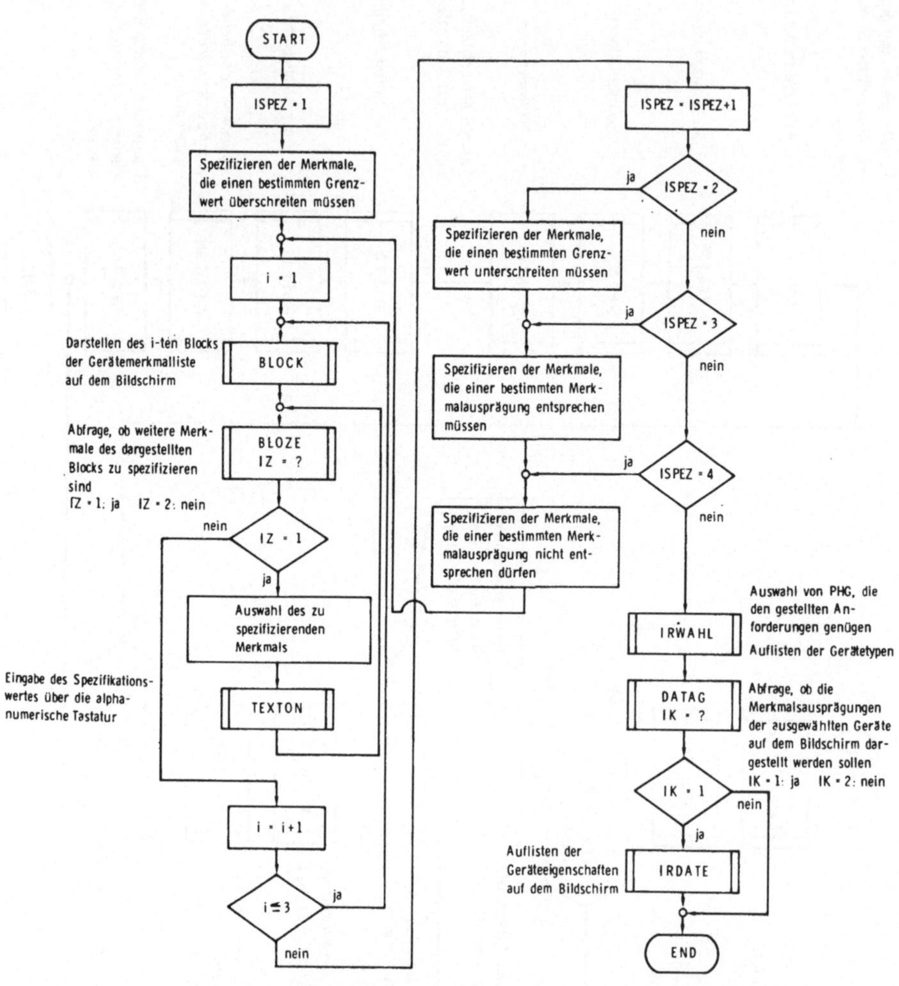

Bild 56: Flußdiagramm des Programmes IRAWAL

A 2 Programmsystem zur Layoutoptimierung (PLAGAW)

Kurzbeschreibung der Programme:

(H) = Hauptprogramm

(S) = Unterprogramm (Subroutine)

(O) = Overlayprogramm

ACHSGR   (S) : Über das Programm ACHSGR werden die Hand-
                  achsen für ein ausgewähltes PHG festgelegt
                  (A-, B-, C-Achse, keine).

AENDER   (S) : Das Programm AENDER stellt ein Menuefeld auf
                  dem Bildschirm dar, über das die Art der
                  Änderung (Verschieben, Drehen, Ersetzen),
                  die an einem Arbeitsplatzelement vorge-
                  nommen werden soll, spezifiziert werden kann.

ARBABL   (O)* : Das Programm ARBABL stellt den Bewegungsab-
                  lauf eines PHG an einem gegebenen Standpunkt
                  wirklichkeitsgetreu dar. Es besteht die Mög-
                  lichkeit, mehrere Achsbewegungen zu über-
                  lagern.

AUSGAB   (O) : Über das Programm AUSGAB wird der ermittelte
                  Verfahrweg für ein PHG sowie die zugehörige
                  Taktzeit auf der Konsolschreibmaschine aus-
                  gegeben.

AUSRI   (O) : Das Programm AUSRI bestimmt die Orientierung
                  des werkstückbezogenen Koordinatensystems U',
                  V', W' zum raumfesten Koordinatensystem in
                  bezug auf sämtliche Positionen.

BEMDRE   (S) : Durch das Programm BEMDRE erfolgt bei einer
                  Drehung eines Betriebsmittels die Umrechnung
                  der Koordinatenwerte seiner Eckpunkte und
                  Positionen.

*Vergl. Flußdiagramm auf S.164

BEMIDA (S)[*] : Das Programm BEMIDA stellt die Betriebs-
                 mittel und das werkstückbezogene Koordina-
                 tensystem U', V', W' in den einzelnen Posi-
                 tionen dar.

BEMSCH (O) : Das Programm BEMSCH ermöglicht ein Verschie-
               ben der einzelnen Betriebsmittel mit Hilfe
               des Lichtgriffels.

BILDDA (S) : Das Programm BILDDA bietet die Möglichkeit,
               Programme zur Darstellung der folgenden
               Planungskomponenten aufzurufen:
               - Fertigungsmittel
               - PHG
               - PHG-Verfahrlinie
               - Randbedingungen

BMCOM (S) : Durch das Programm BMCOM werden die aktuell
              benötigten Betriebsmitteldaten von Files in
              den Rechenspeicher gelesen.

BMSPEI (S) : Das Programm BMSPEI dient zur Abspeicherung
               der eingelesenen Betriebsmitteldaten auf
               Files.

DATLES (O) : Das Programm DATLES steuert das Einlesen der
               betriebsmittelspezifischen und PHG-spezifi-
               schen Daten.

DATTZT (O) : Im Programm DATTZT werden die Daten für das
               Programm TAKTZE aufbereitet. Es werden die
               Koordinatenwerte der anzufahrenden Positio-
               nen abgespeichert. Weiterhin wird jeder anzu-
               fahrenden Position ein PHG-Standpunkt fest
               zugeordnet.

ENDSCH (S) : Das Programm ENDSCH beendet die Verschiebung
               eines Bildelementes durch den Lichtgriffel.

[*]Vergl. Flußdiagramm auf S.165

GRETYP   (S)   :   Durch das Programm GRETYP wird die Art und
                  Größenklasse des PHG-Greifers festgelegt.

HIKRAE   (O)   :   Das Programm HIKRAE ermöglicht eine Ver-
                  schiebung und eine Durchmesserveränderung
                  des vom Programm HIKRDA dargestellten Hilfs-
                  kreises.

HIKRDA   (S)   :   Das Programm HIKRDA stellt einen Hilfskreis
                  in der Größe von 200 Bildschirmeinheiten in
                  der Bildschirmmitte dar.

HILIAE   (O)   :   Das Programm HILIAE ermöglicht eine Ver-
                  schiebung und Drehung der vom Programm
                  HILIDA dargestellten Hilfslinie.

HILIDA   (S)   :   Das Programm HILIDA stellt eine horizontale
                  Hilfslinie in der Bildschirmmitte dar.

INSTAL   (S)   :   Über das Programm INSTAL wird die Einbaulage
                  (Auf-Flur, Über-Kopf) für jedes PHG festge-
                  legt.

IRFILE   (S)   :   Über das Programm IRFILE werden die PHG-
                  Datensätze von Files in den Rechenspeicher
                  gelesen.

IRLIAE   (O)   :   Das Programm IRLIAE bietet die Möglichkeit
                  mittels zweier durch den Lichtgriffel ver-
                  schiebbarer Markierungszeichen den Verfahr-
                  weg für ein PHG festzulegen.

IRLIDA   (S)   :   Das Programm IRLIDA stellt die PHG-Verfahr-
                  linie auf dem Bildschirm dar.

IRODRE   (O)   :   Durch das Programm IRODRE werden bei einer
                  Drehung eines PHG die neuen Koordinatenwerte
                  für die Begrenzungspunkte des PHG-Arbeits-
                  raumes und der PHG-Grundfläche berechnet.

IROSCH   (O) : Durch das Programm IROSCH erfolgt nach einer Verschiebung eines PHG die Berechnung der geänderten Koordinatenwerte für die Begrenzungspunkte des PHG-Arbeitsraumes und der PHG-Grundfläche.

IRPOSP   (O) : Über das Programm IRPOSP werden bei Einsatz mehrerer PHG den einzelnen Geräten die anzufahrenden Positionen zugewiesen. Die Eingabe der betreffenden Positionen erfolgt über die Konsolschreibmaschine.

IRSPEI   (O) : Im Programm IRSPEI werden aufgrund der PHG-Datensätze die zur Bildschirmdarstellung erforderlichen Koordinatenwerte berechnet, skaliert und auf Files abgespeichert.

IR 1   (H)* : Über das Hauptprogramm IR 1 wird der gesamte Programmablauf zur Layoutplanung zentral gesteuert.

JANEIN   (S) : Das Programm JANEIN fragt ab, ob eine Drehung der Hilfslinie erfolgen soll.

LOEDAR   (S) : Über das Programm LOEDAR können auf dem Bildschirm dargestellte Planungskomponenten gelöscht werden.

MC 2   (S) : Das Programm MC 2 berechnet die Steigung m und den Achsenabschnitt c in bezug auf die Geraden, die durch die Maschineneckpunkte verlaufen.

NEXTPU   (S) : Die Festlegung der Zwischenpunkte in bezug auf eine bestimmte Position kann durch das Programm NEXTPU fortgesetzt oder abgebrochen werden.

*Vergl. Flußdiagramm auf S. 166 u. 167

PLANSP   (O)[*] : Über das Programm PLANSP können die Stand-
                     punkte für ein verfahrbares PHG manuell am
                     Bildschirm festgelegt werden. Hierzu be-
                     rechnet das Programm in bezug auf jede anzu-
                     fahrende Position den Bereich auf der PHG-
                     Verfahrlinie, in dem das PHG maximal ange-
                     ordnet werden kann, und bietet die Möglich-
                     keit, über Lichtgriffel die Lage der Stand-
                     punkte auszuwählen.

PLANZP   (O)[*] : Über das Programm PLANZP und angeschlossenen
                     Unterprogrammen erfolgt die Planung der vom
                     PHG im Verlauf des Arbeitszyklusses anzufahren-
                     den Zwischenpunkten. Im einzelnen werden die
                     Anzahl und Positionen der Zwischenpunkte, die an
                     den Zwischenpunkten auszuführenden Greifer-
                     bewegungen und die Einbindung der Zwischen-
                     punkte in den Arbeitszyklus festgelegt.

PLAOHN   (S) : Das Programm PLAOHN dient zur Darstellung
                  und Numerierung der im Programm PLANSP fest-
                  gelegten PHG-Standpunkte.

PLOHGR   (O) : Das Programm PLOHGR dient zur Darstellung
                  und Numerierung der im Programm SCPUNK be-
                  rechneten PHG-Standpunkte.

PLOT   (O)[*] : Das Programm PLOT stellt eine ausgewählte
                     Layoutlösung als Plotterzeichnung dar.

POSCOM   (S) : Über das Programm POSCOM werden die Koordi-
                  natenwerte der anzufahrenden Positionen und
                  die Daten zur Beschreibung der Werkstück-
                  orientierung in den einzelnen Positionen von
                  Files in den Rechenspeicher gelesen.

POSPEI   (S) : Über das Programm POSPEI werden die Koordi-
                  natenwerte der anzufahrenden Positionen und
                  die Daten zur Beschreibung der Werkstück-
                  orientierung in den einzelnen Positionen
                  auf Files abgespeichert.

[*]Vergl. Flußdiagramm auf S.168 ff.

PZ   (S) : Im Programm PZ erfolgt eine Umspeicherung der
               Koordinatenwerte der Maschineneckpunkte, um
               eine exakte Zuordnung zu den einzelnen Kontur-
               linien zu bekommen. Jeder Maschineneckpunkt
               wird zweimal abgespeichert: als Endpunkt eines
               Geradenabschnitts und als Anfangspunkt des
               darauffolgenden Geradenabschnitts.

RANDDA (S) : Das Programm RANDDA stellt die räumlichen Rand-
               bedingungen (Hallengeometrie, Sperrflächen)
               auf dem Bildschirm dar.

RASPEI (S) : Über das Programm RASPEI werden die Daten zur
               Beschreibung der räumlichen Randbedingungen
               eingelesen und skaliert.

RCOMBA (S) : Das Programm RCOMBA liest die PHG-spezifischen
               Daten von Files und stellt die PHG mit Arbeits-
               raum und Gerätegrundfläche auf dem Bildschirm
               dar.

SCHKRE (S) : Über das Programm SCHKRE werden bei einer
               Verschiebung des Hilfskreises die geänderten
               Koordinatenwerte berechnet.

SCHWEN (S) : Durch das Programm SCHWEN erfolgt die Dar-
               stellung der Greiferschwenkbewegung an einem
               bestimmten Zwischenpunkt und die Berechnung
               der entsprechenden Schwenkzeit.

SCHWWI (S) : Das Programm SCHWWI dient zur Quantifizierung
               der Greiferschwenkbewegungen, die an einem
               bestimmten Zwischenpunkt ausgeführt werden
               sollen.

SCPUNK (S) : Das Programm SCPUNK berechnet für ein verfahr-
               bares PHG die Standpunkte, von denen aus eine
               Maschinenbedienung ohne die Betätigung der
               C-Handachse möglich ist.

SHNIT 1 (S)* : Das Programm SHNIT 1 überprüft, ob beim
Anfahren einer bestimmten Position durch ein
PHG eine Kollision zwischen dem Gerätearm
und einer Maschinenkontur auftritt.

SHNIT 2 (S)* : Das Programm SHNIT 2 überprüft, ob bei einer
Schwenkbewegung des PHG um die C-Achse eine
Kollision zwischen dem Gerätearm und einer
Maschinenkontur auftritt.

SPAUSR (S) : Das Programm SPAUSR speichert die Daten, die
die Orientierung des werkstückbezogenen Koordinatensystems gegenüber dem raumfesten Koordinatensystem beschreiben, auf Files ab.

SPEICH (O) : Im Programm SPEICH werden die betriebsmittel-
bezogenen Daten eingelesen, der zur Bildschirmdarstellung erforderliche Maßstabsfak-
tor berechnet, die Daten skaliert und auf
Files abgelegt.

STAND (O)* : Das Programm STAND überprüft, ob bei einer
gegebenen Layoutvariante die vorgegebenen
Positionen durch ein PHG angefahren werden
können.

TAKTZE (O)* : Das Programm TAKTZE bestimmt für ein PHG
den zeitoptimalen Verfahrweg zur Bedienung
einer vorgegebenen Menge von Positionen und
berechnet die entsprechende Taktzeit.

UEBERS (S) : Das Programm UEBERS stellt die Überschrift:
"Planung IR-Arbeitsplatz" auf dem Bild-
schirm dar.

UMSPEI (O) : Über das Programm UMSPEI werden Datensätze
der PHG-Datei auf Arbeitsfiles umgespei-
chert.

*Vergl. Flußdiagramm auf S. 171 ff.

VERFAR (O)[*] : Das Programm VERFAR stellt eine PHG-Ver-
fahrbewegung wirklichkeitsgetreu auf dem
Bildschirm dar. Dieser kann im Bedarfsfall
eine Schwenkbewegung um die C-Achse überlagert werden.

WAHLAE (S) : Das Programm WAHLAE stellt verschiedene Möglichkeiten zur Veränderung des dargestellten
Layouts zur Auswahl:

- Verschieben der Arbeitsplatzelemente
  (PHG und Fertigungsmittel)

- Drehen der Arbeitsplatzelemente

- Ersetzen der dargestellten PHG durch
  andere Geräte

WAHLDA (S) : Das Programm WAHLDA stellt ein Menuefeld auf
dem Bildschirm dar, über das die verschiedenen Planungskomponenten (Fertigungsmittel,
PHG, Randbedingungen, Hilfskreis, Hilfslinie)
aufgerufen werden können.

WAHLIM (S) : Das Programm WAHLIM steuert den Programmablauf zur Festlegung der PHG-Standpunkte.

WAHLPL (S) : Das Programm WAHLPL stellt ein Menuefeld auf
dem Bildschirm dar, über das der weitere
Programmablauf festgelegt wird. Im einzelnen
bietet das Menue die folgenden Programmfortsetzungsmöglichkeiten:

- Darstellen oder Löschen von Planungskomponenten

- Festlegen der anzufahrenden Positionen

- Berücksichtigen einer Verfahrbewegung bei
  einem PHG

- Taktzeitberechnung

- Datenausgabe

[*]Vergl. Flußdiagramm auf S.176

WAHTYP   (S) : Das Programm WAHTYP stellt die Textelemente
                  "Gewählter Greifer", "Neuer Greifer" auf dem
                  Bildschirm dar. Durch Anpicken eines dieser
                  Textelemente mit dem Lichtgriffel wird die im
                  Programm GRETYP getroffene Greiferwahl be-
                  stätigt bzw. abgelehnt.

WINKE   (S) : Über das Programm WINKE wird bei der Drehung
                  einer Planungskomponente (Fertigungsmittel,
                  PHG, Hilfslinie) der entsprechende Drehwinkel
                  festgelegt.

XGREIF   (S) : Über das Programm XGREIF wird der gewählte
                  Greifertyp auf dem Bildschirm dargestellt.

YESNO   (S) : Das Programm YESNO beinhaltet die Abfrage, ob
                  der Planungsprozeß fortgeführt oder abge-
                  brochen werden soll.

ZAHLDA   (S) : Das Programm ZAHLDA ermöglicht ein schritt-
                  weises Erhöhen bzw. Vermindern der W-Koor-
                  dinate eines festzulegenden Zwischenpunktes.

ZKREUZ   (S) : Über das Programm ZKREUZ wird der zuletzt
                  geplante Zwischenpunkt markiert und der PHG-
                  Arm beim Anfahren des betreffenden Punktes
                  dargestellt.

ZWIPUN   (S) : Das Programm ZWIPUN beinhaltet die Abfrage,
                  ob in bezug auf eine gegebene Position weitere
                  Zwischenpunkte einzuplanen sind.

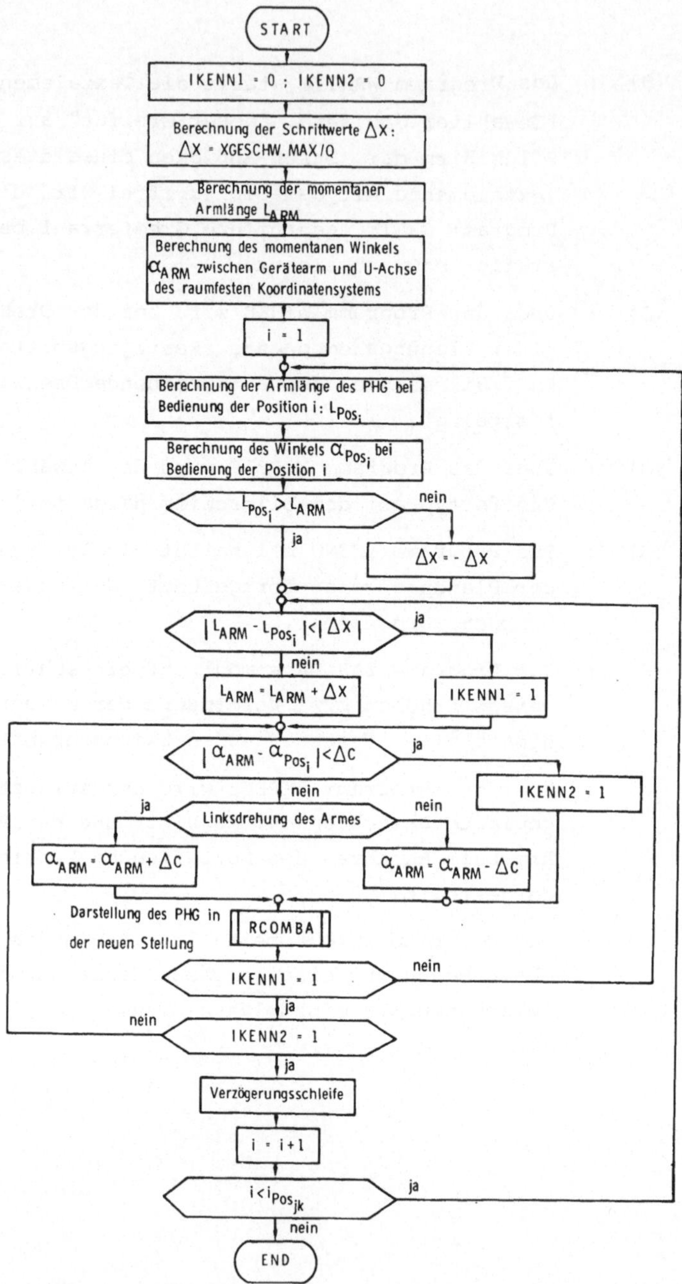

Bild 57: Flußdiagramm des Programmes ARBABL

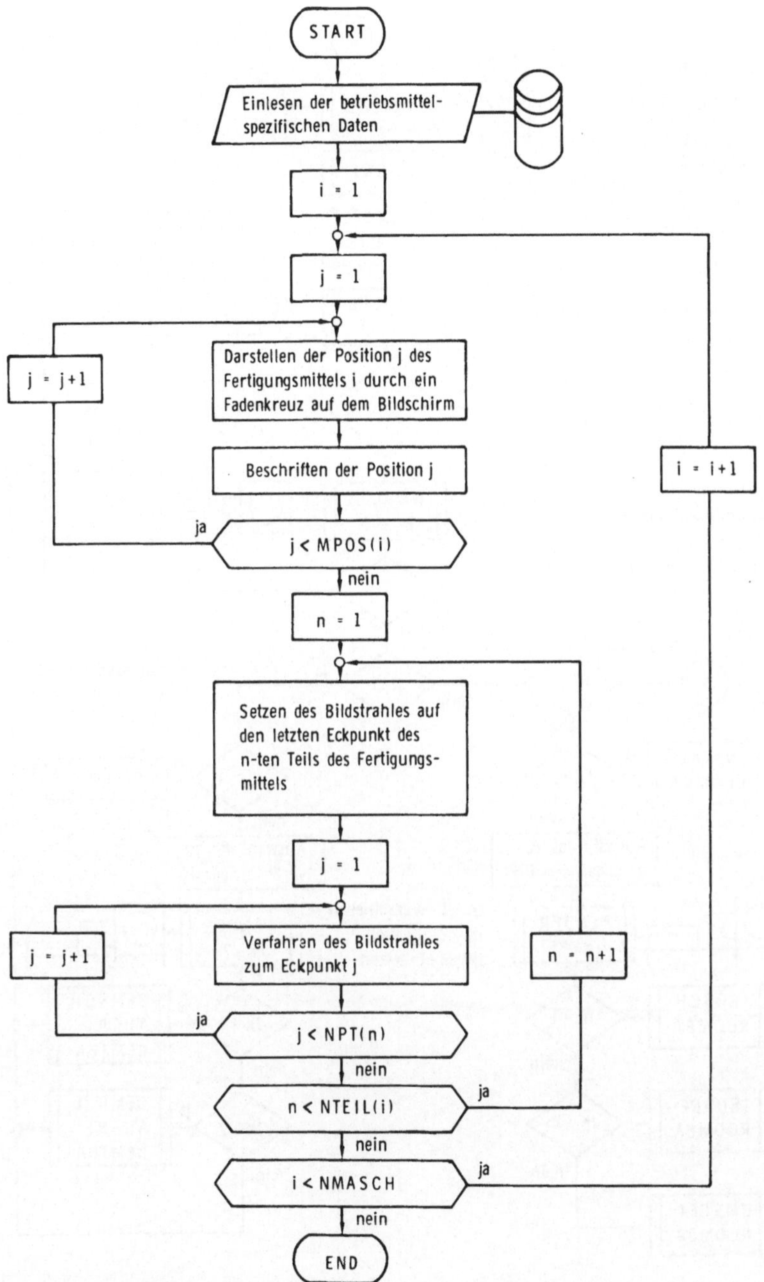

Bild 58: Flußdiagramm des Programmes BEMIDA

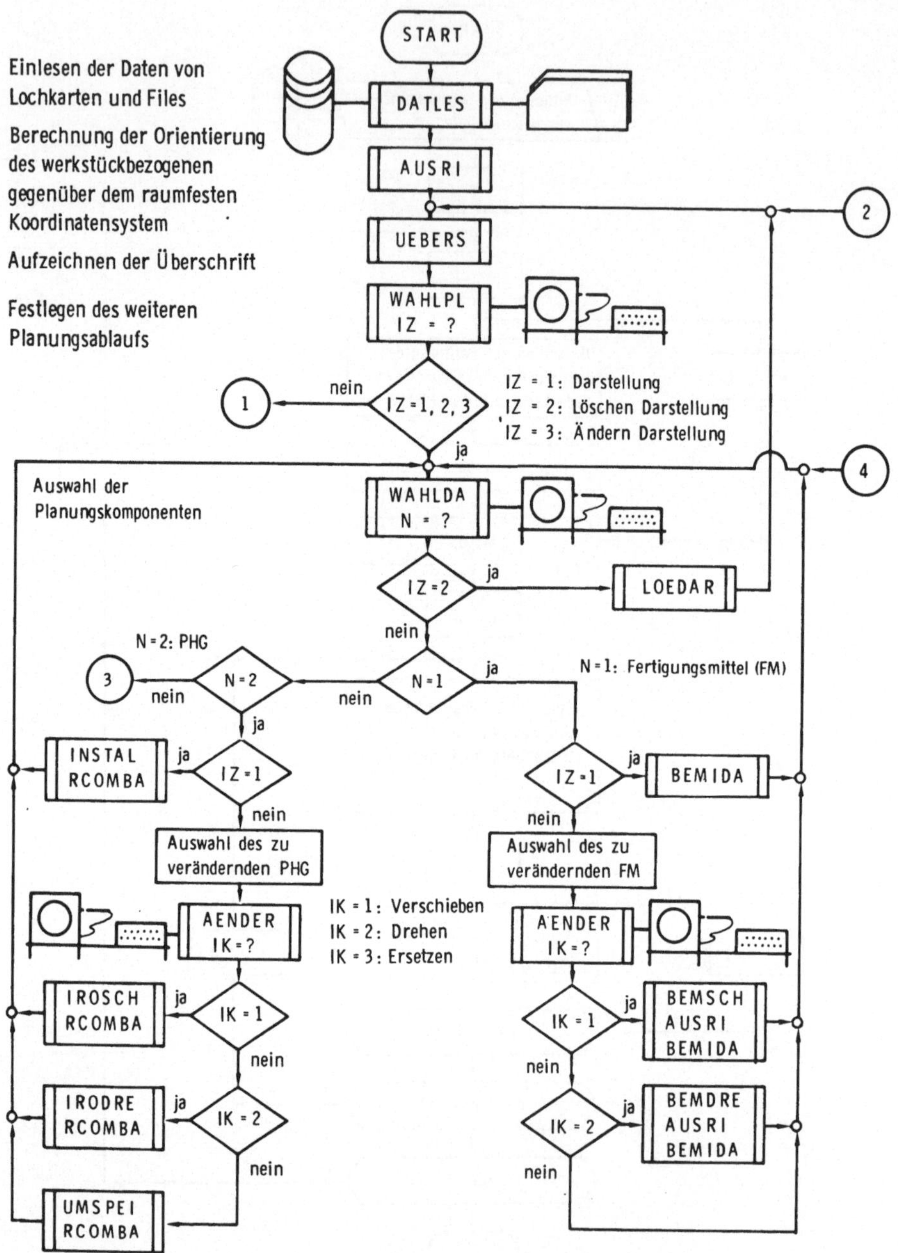

Bild 59a: Flußdiagramm des Programmes IR 1 (Teil 1)

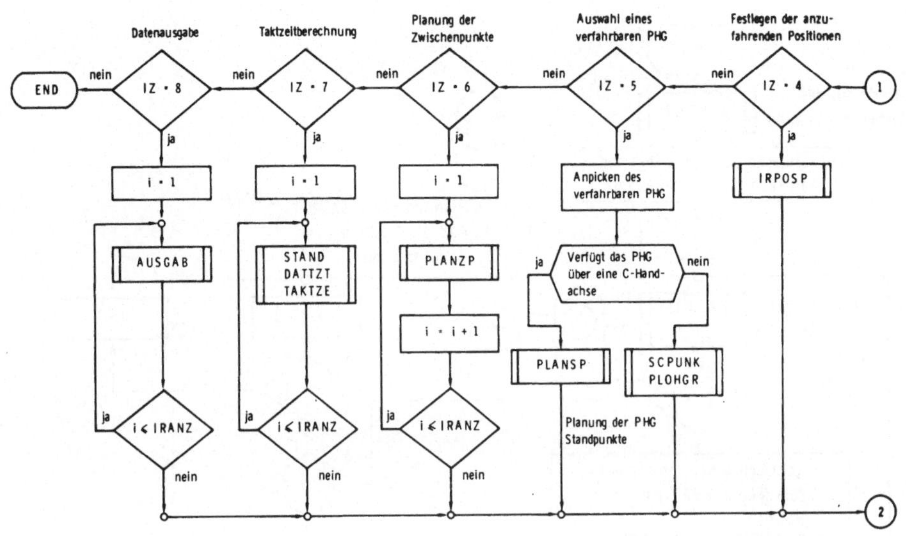

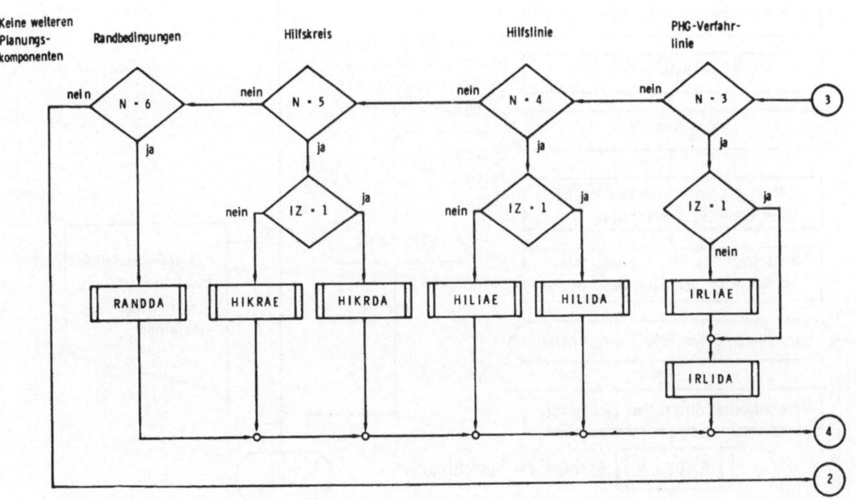

Bild 59b: Flußdiagramm des Programmes IR 1 (Teil 2)

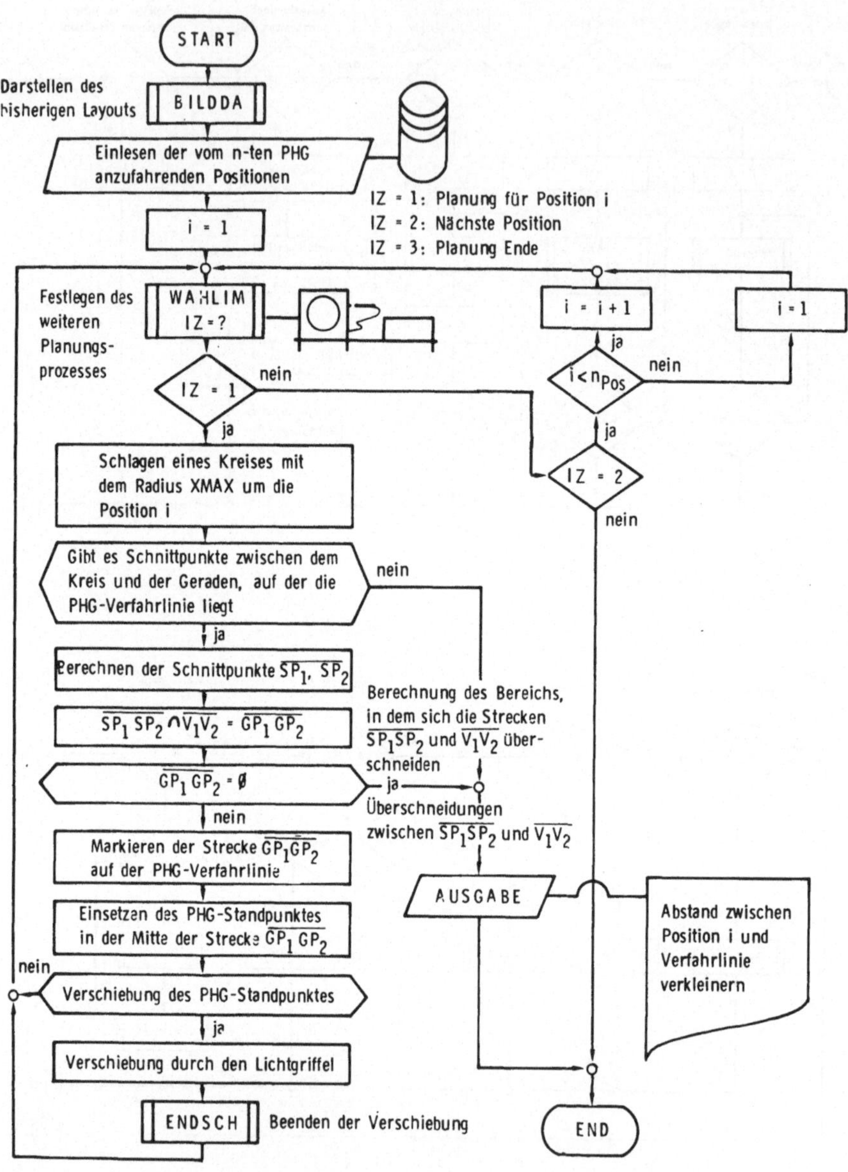

Bild 60: Flußdiagramm des Programmes PLANSP

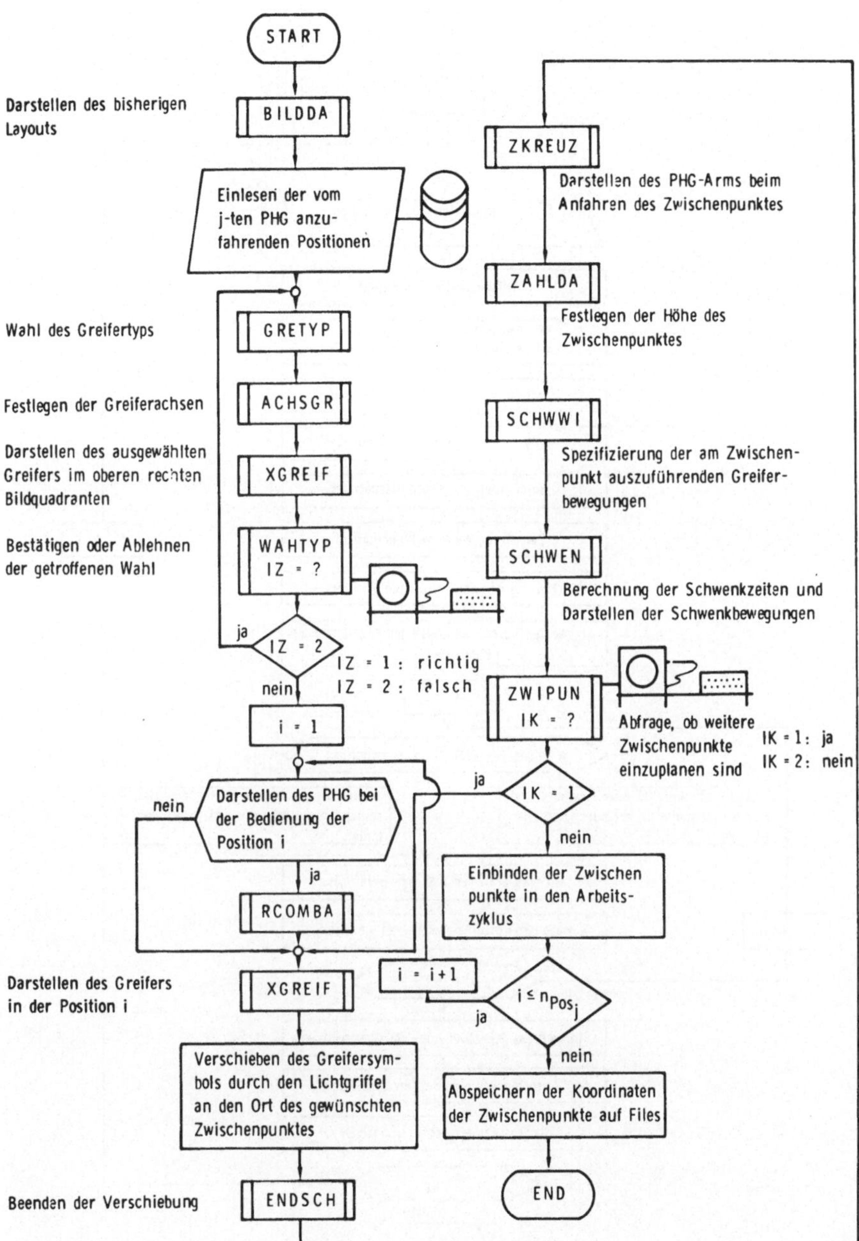

Bild 61: Flußdiagramm des Programmes PLANZP

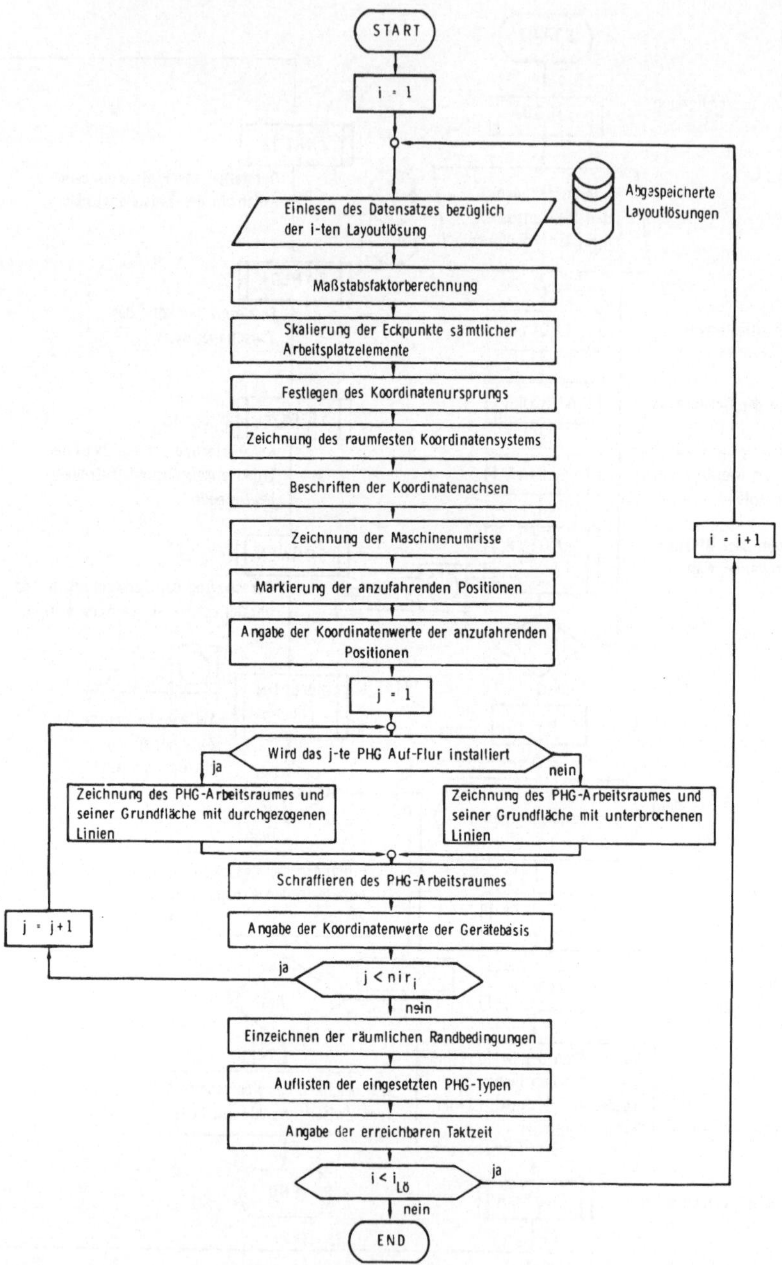

Bild 62: Flußdiagramm des Programmes PLOT

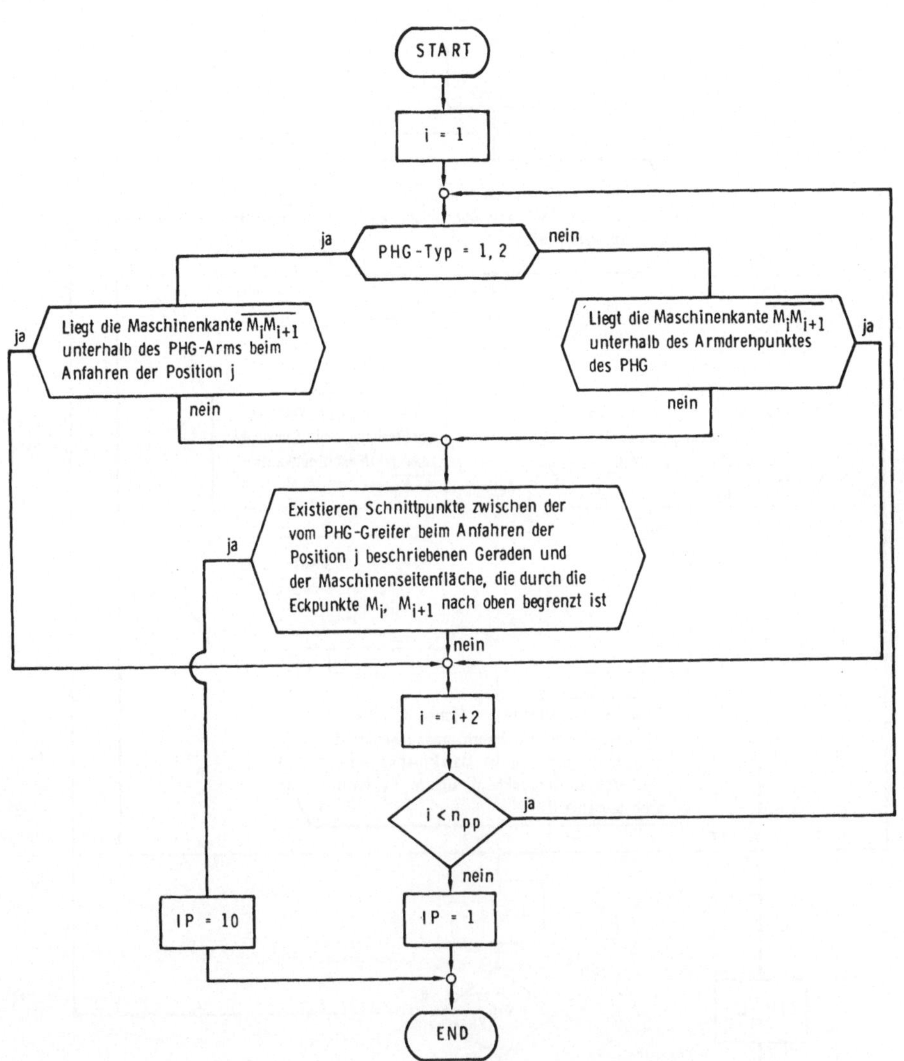

Bild 63: Flußdiagramm des Programmes SHNIT 1

A 2

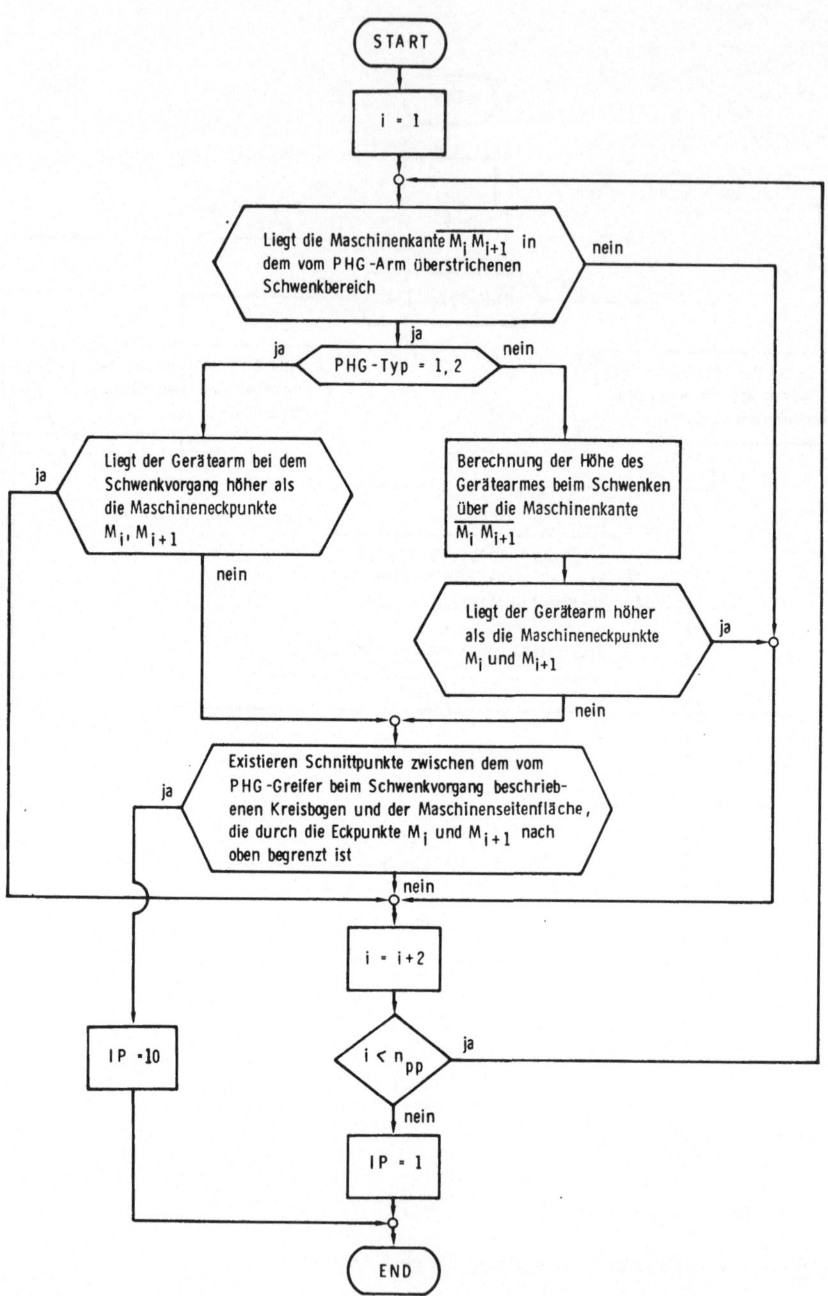

Bild 64: Flußdiagramm des Programmes SHNIT 2

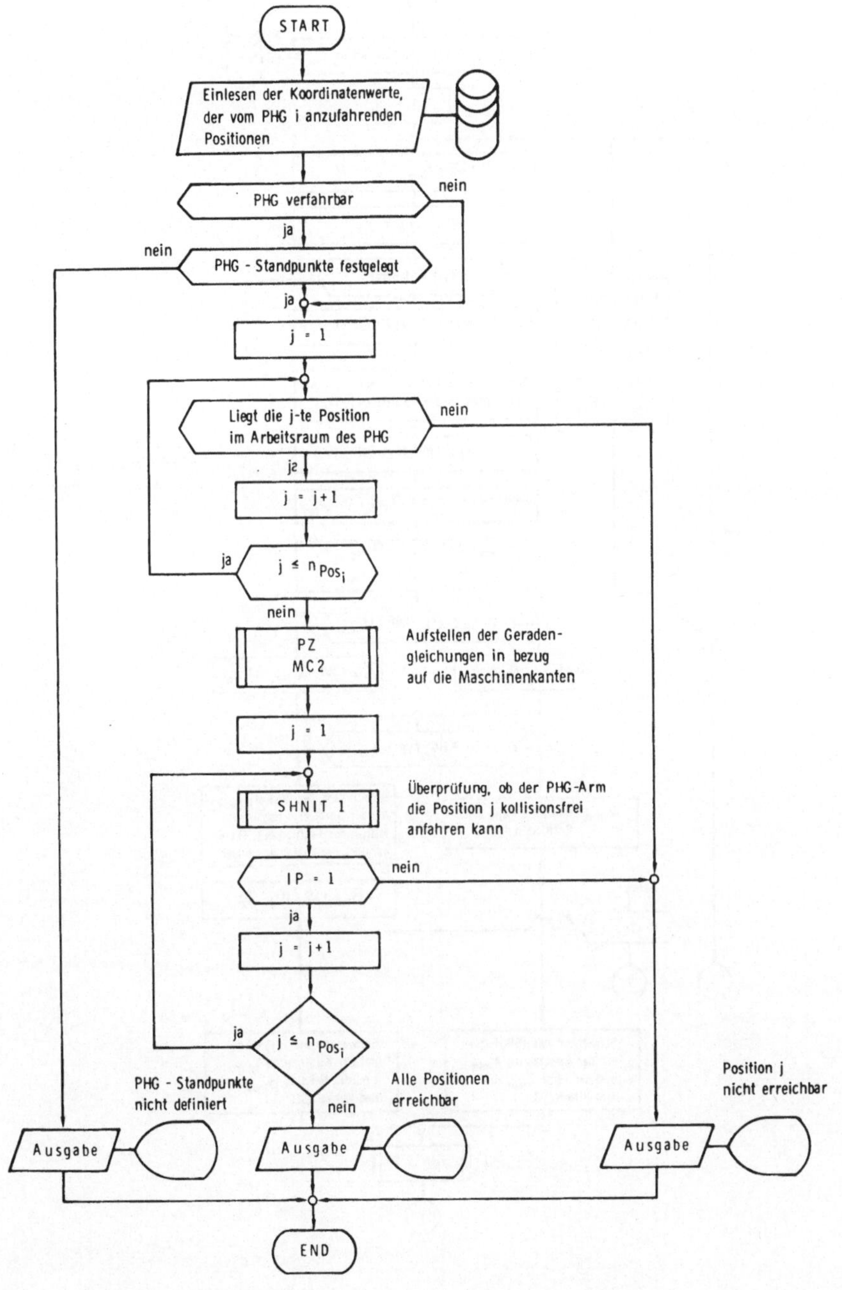

Bild 65: Flußdiagramm des Programmes STAND

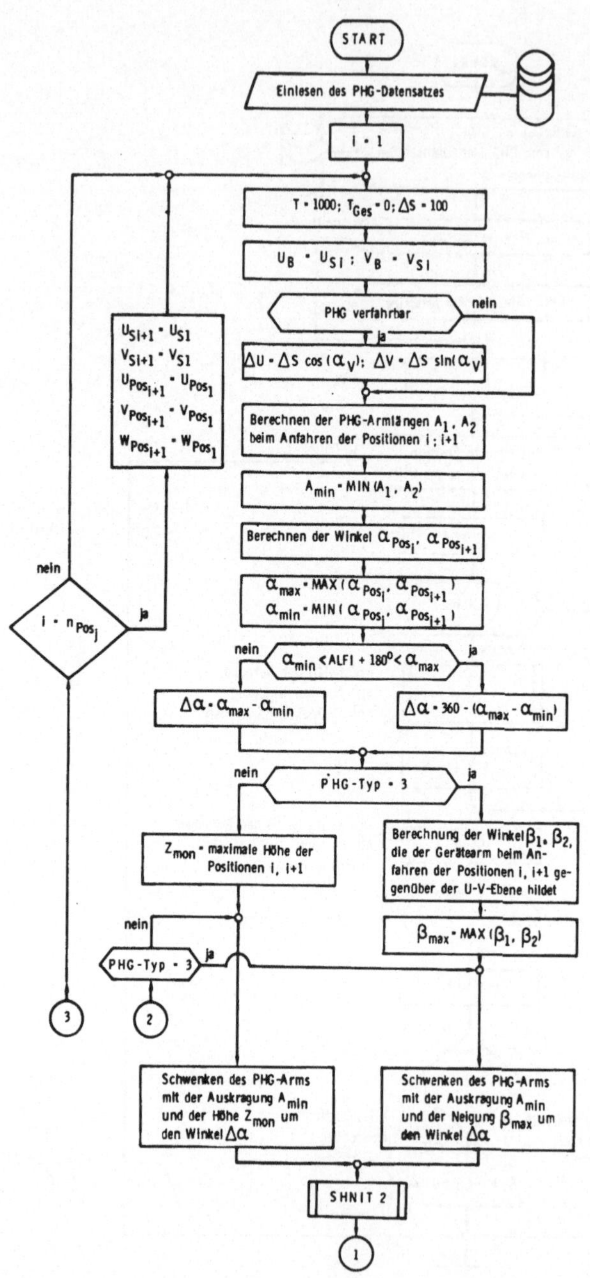

Bild 66a: Flußdiagramm des Programmes TAKTZE (Teil 1)

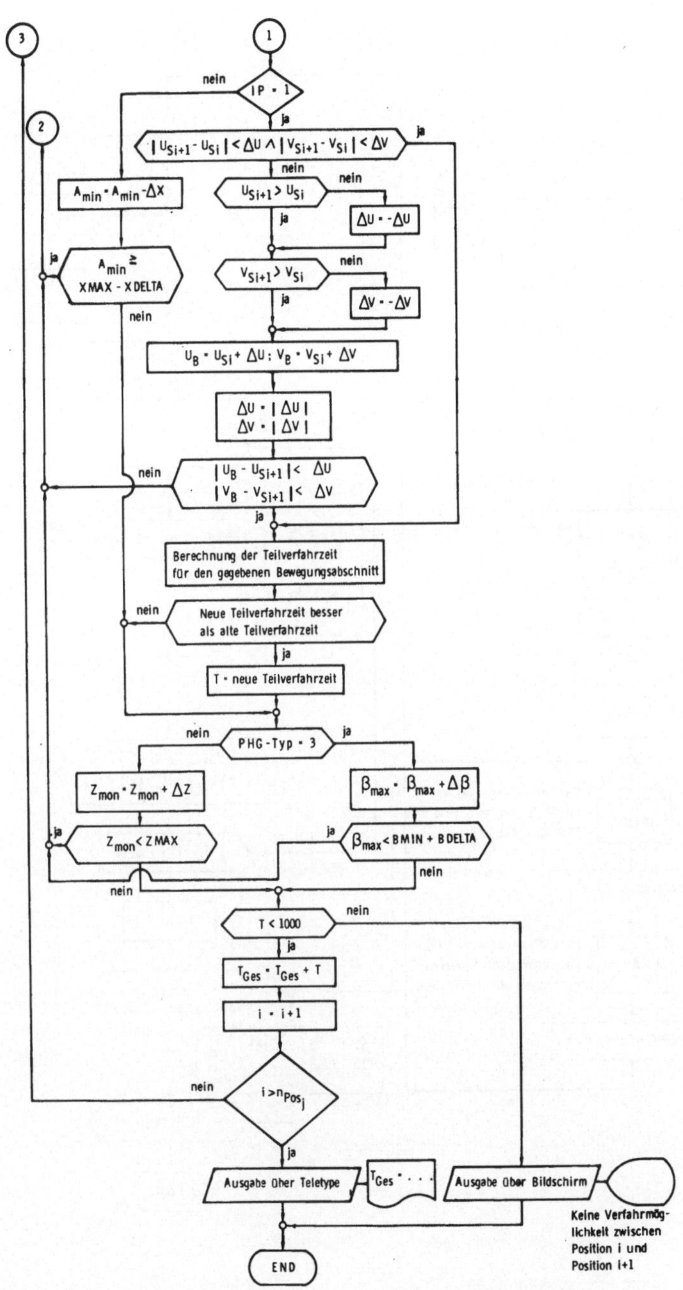

Bild 66b: Flußdiagramm des Programmes TAKTZE (Teil 2)

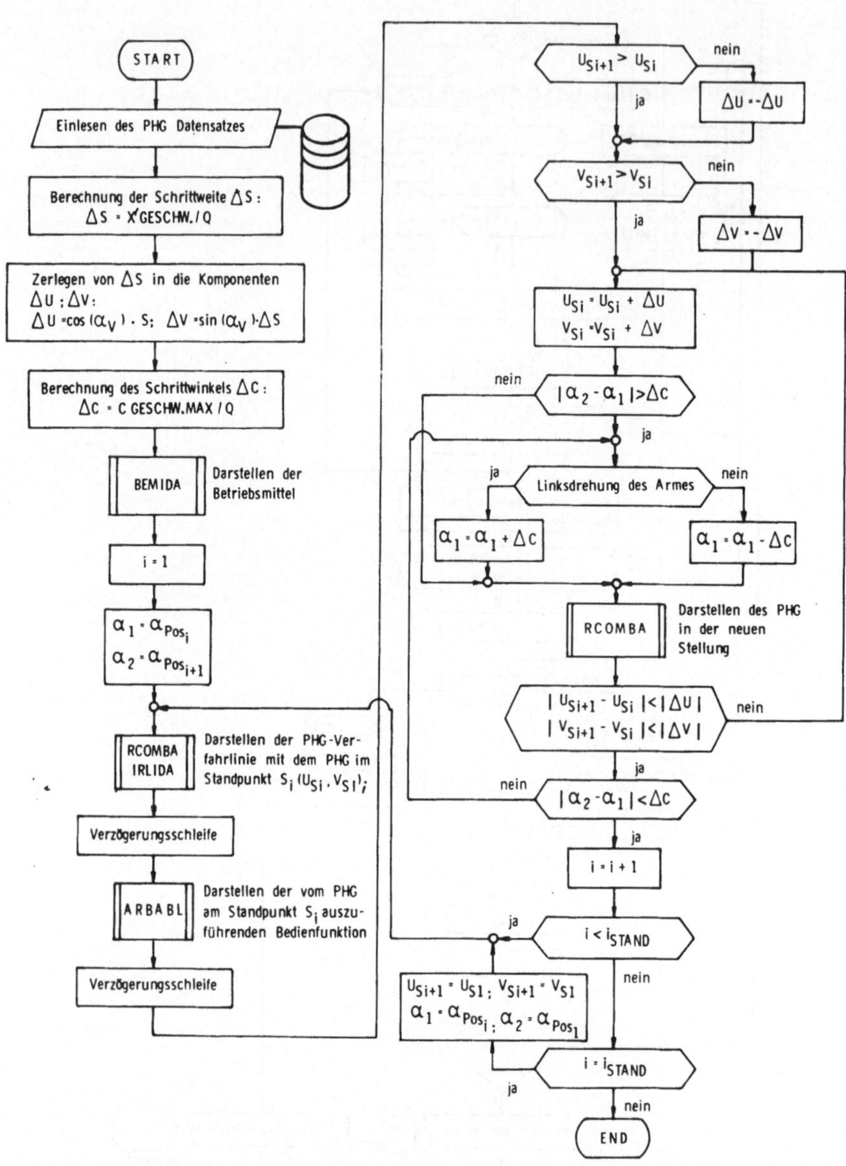

Bild 67: Flußdiagramm des Programmes VERFAR

A 3 Programmsystem zur Simulation des automatisierten Gesamtsystems (SIMLEP)

Kurzbeschreibung der Programme:

(H) = Hauptprogramm

(S) = Unterprogramm (Subroutine)

EVENT (S)[*] : Im Programm EVENT werden Systemereignisse bestimmt und entsprechend der gewählten Servicestrategie Maßnahmen zu ihrer Befriedigung eingeleitet.

IRACT (S)[*] : Im Programm IRACT werden die zur Befriedigung der Systemereignisse erforderlichen PHG-Bedienfunktionen bestimmt und der Systemzustand entsprechend aktualisiert.

IRFCFS (S) : Im Programm IRFCFS wird aus der Menge der PHG, die eine bestimmte Bedienfunktion ausführen können (s. Programm IRKETT), das Gerät ausgewählt, welches zuerst frei ist.

IRFREE (S) : Im Programm IRFREE wird ausgehend von einem gegebenen Simulationszustand der Zeitpunkt des nächst möglichen PHG-Einsatzes berechnet.

IRKETT (S) : Das Programm IRKETT ermittelt aufgrund der vorgegebenen Verkettungsstruktur die PHG, die für die Ausführung einer bestimmten Bedienfunktion in Frage kommen.

QUEBE (S) : Das Programm QUEBE weist einer zu entladenden Maschine die Station zu, die das bearbeitete Werkstück als erste aufnehmen kann.

QUENT (S) : Das Programm QUENT weist einer zu beladenden Maschine die Station zu, die das benötigte Werkstück als erste liefern kann.

[*]Vergl. Flußdiagramm auf S.179 ff.

QUEUE   (S)   : Das Programm QUEUE ordnet die wartenden Maschinen entsprechend der Bedienstrategie: First In First Out

KOZQUE   (S)   : Das Programm KOZQUE ordnet die wartenden Maschinen nach wachsender Operationszeit.

LOZQUE   (S)   : Das Programm LOZQUE ordnet die wartenden Maschinen nach fallender Operationszeit.

ROBSIM   (H)[*]   : Im Programm ROBSIM werden die Systemparameter eingelesen, der Anfangszustand des Systems definiert und die statistische Auswertung der Simulation durchgeführt.

[*]Vergl. Flußdiagramm auf S. 181

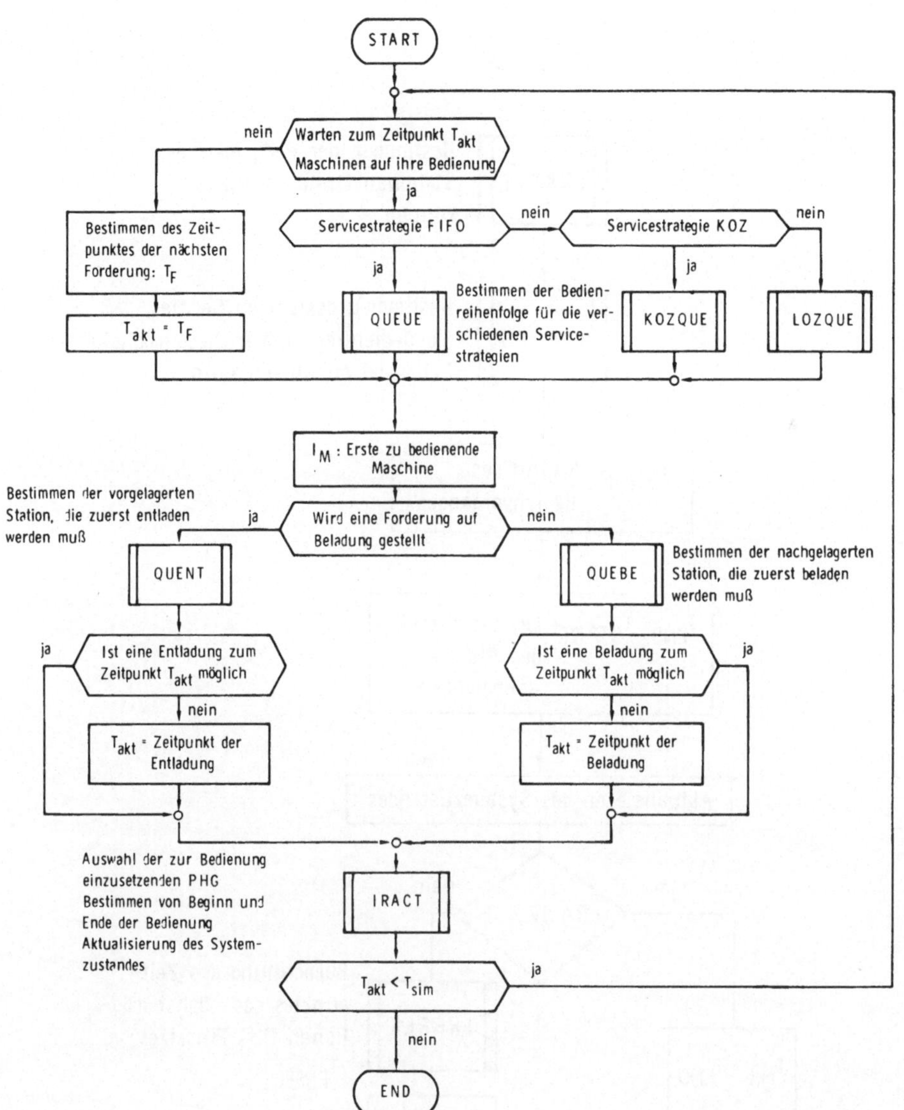

Bild 68: Flußdiagramm des Programmes EVENT

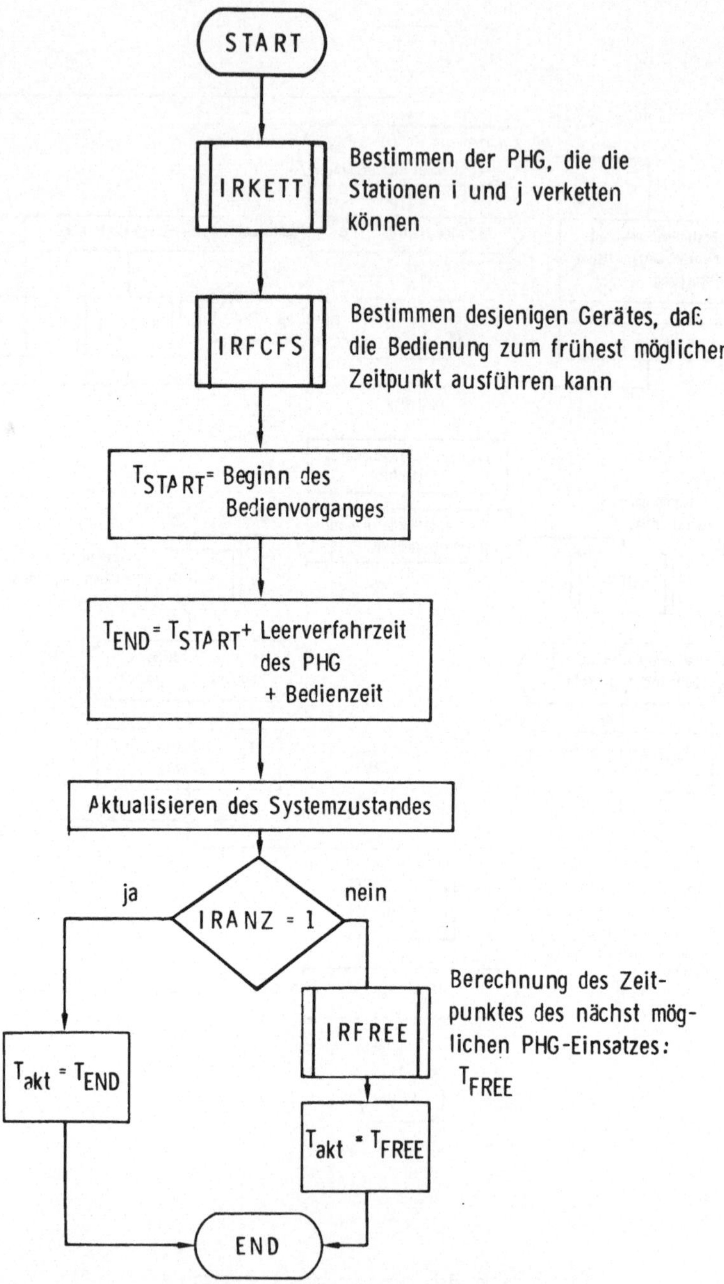

Bild 69: Flußdiagramm des Programmes IRACT

A 3

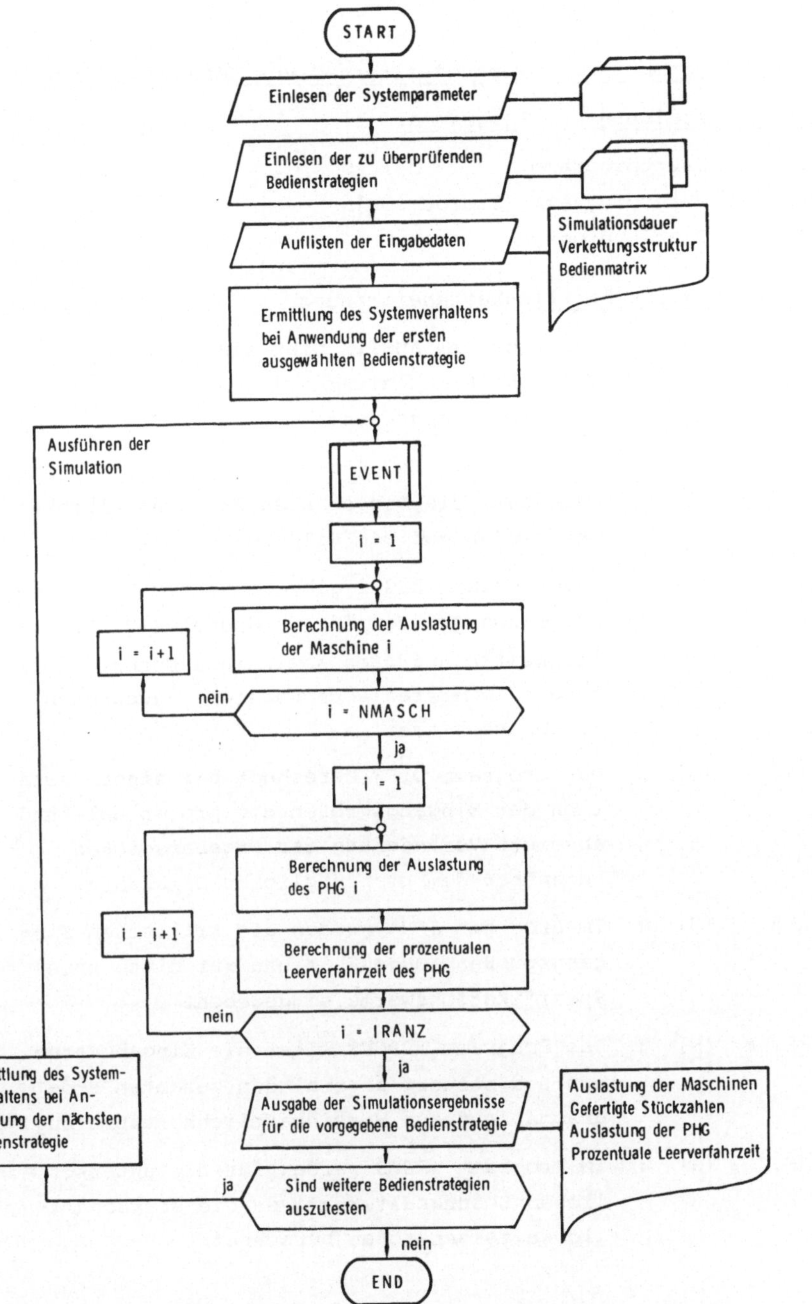

Bild 7o: Flußdiagramm des Programmes ROBSIM

A 4 Programme zur Bewertung alternativer Lösungsvarianten

Kurzbeschreibung der Programme:

(H) = Hauptprogramm

(S) = Unterprogramm (Subroutine)

(O) = Overlayprogramm

1. Teil: Wirtschaftlichkeitsberechnung

AUSTTY   (S)   :   Das Programm AUSTTY gibt die Ergebnisse der
                   Wirtschaftlichkeitsberechnung über die Konsol-
                   schreibmaschine aus.

ERG 1   (S)   :   Das Programm ERG 1 gibt für den ursprünglichen
                   Datensatz die berechneten Wirtschaftlichkeits-
                   kenngrößen auf dem Bildschirm aus.

ERG 2   (S)   :   Das Programm ERG 2 gibt bei einer Variation
                   der Eingangsdaten die veränderten Wirtschaft-
                   lichkeitskenngrößen sowie ihre Unterschiede
                   zu den im ersten Rechnungsgang gewonnenen
                   Ergebnissen aus.

DIFF   (S)   :   Das Programm DIFF berechnet bei einer Varia-
                   tion der Eingangsgrößen die prozentuale und
                   absolute Veränderung der Ergebnisgrößen
                   gegenüber dem ursprünglichen Datensatz.

SANA   (S)   :   Im Programm SANA wurden die kritischen Ein-
                   gangsgrößen ausgewählt und für diese neue
                   Spezifikationswerte eingegeben.

WPRUEF   (H)[*] :   Das Programm WPRUEF liest die Eingabedaten
                   ein und steuert zentral den gesamten Pro-
                   grammablauf zur Wirtschaftlichkeitsprüfung.

WRECH   (S)   :   Im Programm WRECH werden für die unterschied-
                   lichen Lösungsalternativen die Wirtschaft-
                   lichkeitskenngrößen berechnet.

[*]Vergl. Flußdiagramm auf S. 185

2. Teil: Nutzwertanalyse

ACHSTM (S) : Durch das Programm ACHSTM wird zu einer Ziel-
wertfunktion das Koordinatensystem auf dem
Bildschirm dargestellt.

AUSWAL (O) : Über das Programm AUSWAL werden in bezug auf
die einzelnen Zielkriterien die Zielwertfunktionen festgelegt.

BMASNG (S) : Das Programm BMASNG bemaßt die Zielfunktio-
nen.

DATEN (O) : Über das Programm DATEN werden die Texte auf
Files gelesen, die im Verlauf der Nutzwertanalyse auf dem Bildschirm dargestellt werden.

ERG (S) : Das Programm ERG stellt die Ergebnisse der
Nutzwertanalyse auf dem Bildschirm dar.

GEWIFR (O) : Über das Programm GEWIFR werden die Gewichtungsfaktoren in bezug auf die einzelnen Zielkriterien festgelegt.

KURVE (O) : Das Programm KURVE stellt eine Zielwert-
funktion in dem vom Programm ACHSTM erzeug-
ten Achsenkreuz dar.

NANA (H)[*] : Das Programm NANA steuert den gesamten Programmablauf zur Bewertung der Lösungsvarianten.

NUWEBE (O) : Das Programm NUWEBE berechnet die Nutzwerte
für die verschiedenen Lösungsalternativen.

PFEIL (S) : Über das Programm PFEIL werden die Bemaßungs-
pfeile für das Programm BMASNG eingezeichnet.

SORTI (S) : Das Programm SORTI sortiert die Lösungsalternativen entsprechend der Höhe ihrer Nutz-
werte.

SPEZI (S) : Über das Programm SPEZI werden die Spezifi-
kationswerte zur Festlegung des exakten Ver-
laufes der Zielwertfunktionen eingegeben.

[*]Vergl. Flußdiagramm auf S.186

TEXT   (S) : Über das Programm TEXT werden die einzelnen
               Zielkriterien auf dem Bildschirm aufge-
               listet.

UEBER   (S) : Das Programm UEBER schreibt die Überschrift
               "Technisch wirtschaftliche Bewertung der
               Lösungsalternativen nach dem Prinzip der
               Nutzwertanalyse" auf den Bildschirm.

ZERTIN (O) : Über das Programm ZERTIN werden die Ziel-
               erträge der verschiedenen Lösungsalternativen
               eingegeben.

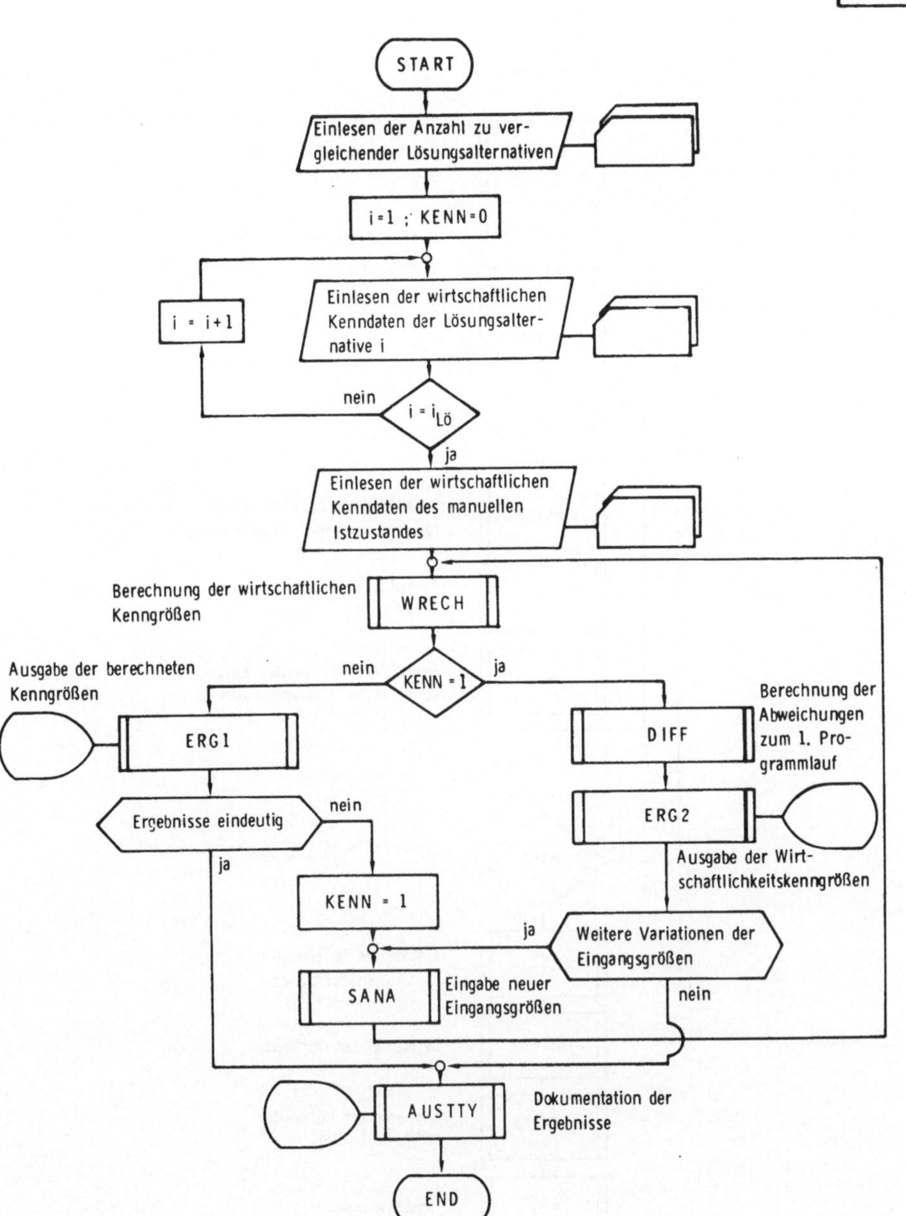

Bild 71: Flußdiagramm des Programmes WPRUEF

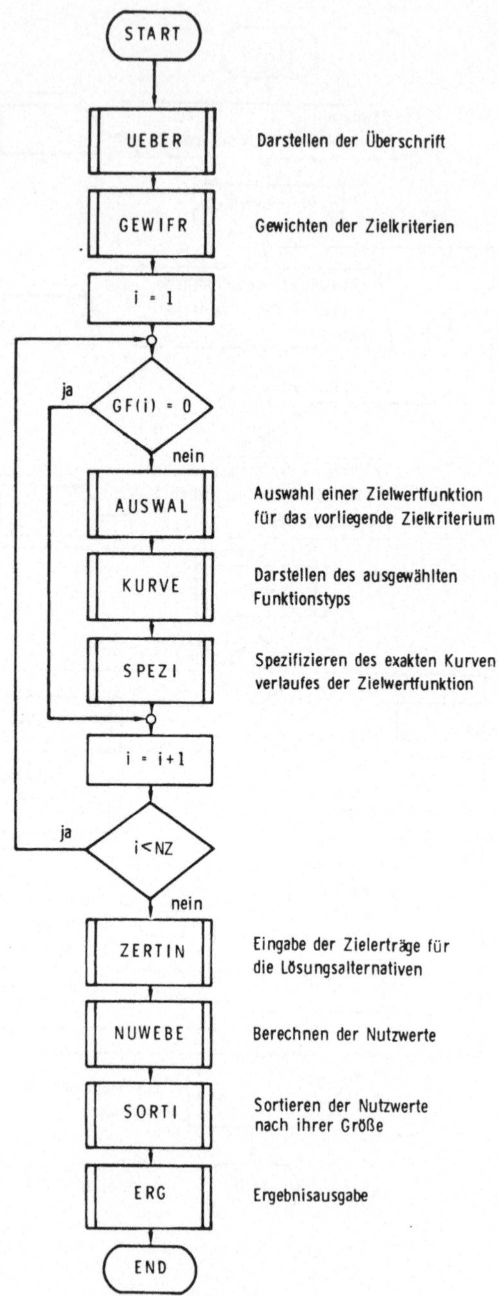

Bild 72: Flußdiagramm des Programmes NANA

IPA Forschung und Praxis

Berichte aus dem Fraunhofer-Institut für Produktionstechnik und Automatisierung, Stuttgart, und dem Institut für Industrielle Fertigung und Fabrikbetrieb der Universität Stuttgart

Herausgeber: Prof. Dr.-Ing. H. J. Warnecke

Die Berichte 38 und folgende sind zu beziehen durch den Springer-Verlag, Berlin Heidelberg New York

IPA Forschung und Praxis

Berichte aus dem Fraunhofer-Institut für Produktionstechnik und
Automatisierung, Stuttgart, und dem Institut für Industrielle Fertigung
und Fabrikbetrieb der Universität Stuttgart

Herausgeber: Prof. Dr.-Ing. H. J. Warnecke

Die Berichte 38 und folgende sind zu beziehen durch den Springer-Verlag, Berlin Heidelberg New York